AF590029

VOYAGE A VÉNUS

POISSY. — TYP. ET STÉR. DE A BOURET.

VOYAGE

A VÉNUS

PAR

ACHILLE EYRAUD

PARIS

MICHEL LÉVY FRÈRES, LIBRAIRES ÉDITEURS

RUE VIVIENNE, 2 BIS, ET BOULEVARD DES ITALIENS, 15

A LA LIBRAIRIE NOUVELLE

1865

A MON PÈRE ET A MA MÈRE

I

DE LA TERRE A VÉNUS

VOYAGE A VÉNUS

I

LA BRASSERIE SCHAFFNER. — LES TROIS AMIS

—Holà! maître Schaffner, de deux bocks et du tabac! demanda le jeune Léo en venant s'asseoir auprès d'une table, avec Muller, son ami.

La brasserie Schaffner était une des plus modestes et des moins achalandées de Speinheim, petite ville située sur les confins de la France et de l'Allemagne. C'est là que se réunissaient souvent, avec leur camarade Volfrang, les deux jeunes gens que nous venons de voir entrer. Ils avaient adopté cet établissement, quelque peu orné et désert qu'il fût, aimant bien mieux le calme et l'isolement, si propices aux causeries intimes, que le luxe et le bruit de ces grands cafés à la mode, où fourmille tout un monde de consommateurs inconnus, qu'on a encore le désagrément de voir indéfiniment reproduits par le jeu des glaces; pendant qu'habillé de noir, cravaté de blanc, et parfaitement reconnaissable au flottant insigne de la serviette suspendue au bras, le *patron* promène autour de lui un regard olympien, et circule avec la fière prestance d'un duc et pair donnant à boire à ses tenanciers. Comment causer d'ailleurs au milieu du cliquetis des dominos, des discussions des joueurs et des frôlements que ne vous épargne pas un essaim frisé de garçons, courant d'une table à l'autre, affairés et effarés, s'interpellant, se répondant de leur plus grosse voix, et faisant à eux seuls beaucoup plus de vacarme que tous les consommateurs ensemble!

L'établissement du gros bonhomme Schaffner était loin de ressembler à ces réunions agitées : une salle nue, enfumée par le tabac, quelques tables attendant des consommateurs, un journal attendant un lecteur, c'était tout. J'oubliais une vaste tonne de bière, qui décorait le mur du fond, et sur laquelle se tenait souvent accroupi un énorme chat noir, comme le sombre génie du lieu. Un vieux dressoir chargé de pots de bière le couvrait d'une ombre épaisse avec laquelle se confondait la couleur de sa robe, et où l'on ne pouvait guère discerner que ses deux larges prunelles luisantes d'une flamme jaune.

De garçon, il n'y en avait pas, maître Schaffner ayant jugé, avec raison, qu'il pouvait seul suffire à cet office. Il l'exerçait avec une bonhomie tout à fait patriarcale, causant avec ses habitués, et, au besoin, leur tenant lieu de partenaire au whist ou au piquet. C'était au demeurant un joyeux compagnon, et sa face épanouie et vermillonnée attestait qu'il était un des premiers consommateurs de son établissement.

— Eh bien, messieurs, dit-il aux deux jeunes gens, comment se fait-il que votre ami M. Volfrang ne soit pas avec vous ?

— Peut-être viendra-t-il dans la soirée, répondit Muller. Nous ne l'avons pas vu de toute la journée.

— Pourvu qu'il ne soit pas malade ! C'est un garçon si pâle et si frêle que je crains toujours pour sa santé.

— Nature nerveuse à l'excès, dit Léo ; mais les hommes de ce tempérament sont souvent aussi robustes que ceux qui resplendissent d'embonpoint, et dont votre personne, maître Schaffner, offre, je dois le proclamer, un échantillon des plus plantureux qu'il soit possible de voir.

— Eh bien, j'en souhaite autant à votre ami, attendu que mon coffre est aussi solide que la tonne de ma brasserie.

— Dites qu'il l'est beaucoup plus, car *ceci engloutira cela.*

— Toujours rieur, comme tous les Français !

—Pourquoi aussi êtes-vous Allemand comme tous les brasseurs ?

—Mon Dieu ! nous autres Allemands, nous sommes, au fond, tout aussi gais que vous. Seulement, nous rions en dedans.

Et, content de cette répartie (il se contentait à bon marché), Schaffner se dirigea vers sa tonne et s'offrit généreusement un moss.

— Pour moi, dit Muller à Léo, je suis loin de partager ton optimisme à l'égard de Volfrang, et depuis longtemps je suis fort inquiet sur sa santé.

— Hum... je sais bien qu'il est bizarre, rêveur, perpétuellement absorbé dans ses contemplations intimes, mais c'est là une disposition toute morale.

— Qui peut déterminer une véritable maladie. Le corps fait rarement bon ménage avec une intelligence trop ardente, car alors elle l'opprime, et, comme tous les opprimés, il souffre et se révolte ; ce qu'il lui faut, au contraire, c'est un esprit bien calme, bien vulgaire, et dont les rares idées laissent toute liberté à ses digestions et à son sommeil. Malheureusement ce n'est pas du tout le cas de Volfrang : l'activité fébrile de son cerveau absorbe toutes ses forces, et ses autres organes s'étiolent et dépérissent, comme les provinces d'une nation où règne une centralisation exagérée. Que de fois n'avons-nous pas surpris ses distractions incessantes au milieu de nos conversations? Il paraît d'abord s'intéresser au sujet qu'on traite, puis, tout à coup, son âme se replie sur elle-même et s'enfonce dans un abime de mornes rêveries. Et cela, parce qu'une phrase insignifiante, un simple mot sur lequel nous avons glissé, a fait subitement dévier son attention, de même qu'une aiguille de chemin de fer entraîne un convoi loin de sa direction primitive. A ces moments-là, sa physionomie, sur laquelle l'esprit ne se reflète plus, se glace d'immobilité, son oreille n'entend plus, et ses yeux grands ouverts ne regardent rien. Vous croyez être avec lui... pas du tout : il voyage dans le pays bleu des chimères.

— Avec de pareilles dispositions d'esprit, on devient quelquefois un homme de génie.

— Ou un fou ; et j'avoue que je crains pour sa raison. Il s'est tellement habitué à s'isoler du monde extérieur pour vivre en lui-même et se repaître de ses pensées qu'il en est venu à prendre ses hallucinations au sérieux, et à garder de tous ses songes creux l'impression vive et précise de la réalité. Ainsi, il y a deux jours à peine, notre dormeur éveillé ne m'a-t-il pas conté un de ses rêves comme un fait dont il avait été le témoin !

— Mais alors, mon cher Muller, tu dis vrai. C'est aux médecins qu'il faut recourir.

— On les a consultés.

— Et ils n'ont rien dit?

— Pardon. Un médecin ne se tait jamais : il est loin de savoir tout guérir, mais il sait tout expliquer. Donc, nos docteurs ont — avec une assurance égale — donné sur la maladie de Volfrang les explications les plus diverses. Les uns ont prétendu que c'était du magnétisme, les autres de l'anesthésie, de la catalepsie, de l'hypnotisme, etc. Tous y ont perdu leur grec.

— Le cas est, en effet, si extraordinaire !

— On en voit pourtant quelques-uns de ce genre depuis un certain temps. Il semble que le mal traqué par la science, s'ingénie, comme Protée, à prendre toutes sortes de formes pour échapper à ses efforts. De là, ces affections étranges, qui déroutent l'expérience la plus consommée. Ainsi, j'ai lu dernièrement dans un journal de Paris, l'*Univers illustré* je crois, l'histoire d'un cas à peu près semblable à celui de notre ami.

« Une jeune et riche irlandaise, extrêmement frêle, mais d'une grâce charmante, était sans cesse absorbée dans un rêve mystérieux. Dès qu'elle venait à s'asseoir, un irrésistible sommeil s'emparait d'elle, et ses paupières s'abaissaient par degrés sur ses beaux yeux. Pour secouer cette langueur incessante, sa mère voulut lui donner les brillantes distractions de Paris. Vaine tentative ! Helmina dormait partout : aux concerts, aux séances parlementaires, au théâtre Italien...

— Jusque-là, je ne vois rien d'étonnant.

— Soit; mais n'est-il pas étrange qu'une fille s'endorme dans la joyeuse animation d'un bal, et tombe en léthargie aux murmures d'amour et au feu des déclarations ? Rien ne réchauffait ce cœur engourdi dans sa neige virginale; elle paraissait, la blonde et délicate enfant, une exilée d'un autre monde, y rêvant sans cesse, et souverainement indifférente à toutes les mesquines passions de notre globe.

A ce moment, la pendule de la brasserie fit neuf fois entendre le son grave et comme lointain d'un timbre en spirale.

— Dejà neuf heures! fit Léo, et Volfrang n'est pas venu. C'est la première fois qu'il n'est pas exact à nos réunions du vendredi.

— Nous ferions bien d'aller chez lui. Peut-être est-il vraiment malade.

— Je le crois. Sortons.

— Ah! enfin, le voici.

Volfrang entra. C'était un grand jeune homme, dont le teint blême contrastait avec sa chevelure qui tombait en longue nappe noire autour de son cou. Son visage maigre et ascétique était sans animation et sans mobilité; ses grands yeux noirs ne manquaient pas de beauté, mais le regard paraissait constamment noyé dans les brumes d'une vague rêverie; et, ce soir-là plus que jamais, Volfrang se trouvait dans un état de lourde torpeur. On eût dit un fumeur à demi réveillé du sommeil extatique qu'on trouve dans l'opium ou le haschich.

— Comme tu as l'air fatigué! mon pauvre Volfrang! dit Muller. D'où viens-tu donc?

— De Vénus.

— Hein?

— De Vénus, te dis-je.

— Décidément, c'est de la folie! se dit tristement Muller.

— Peste! je comprends que tu sois harassé, mon

cher Volfrang, s'écria Léo, dont l'humeur s'assombrissait plus difficilement. A la bonne heure! parlez-moi d'une excursion de dix millions de lieues! Comme elle va humilier nos opulents bourgeois qui parlent sans cesse de leurs voyages en Suisse ou aux Pyrénées, et se croient bien aventureux et bien intrépides pour les avoir accomplis! Conte-nous un peu le tien, mon bon Volfrang.

— Ce serait bien long; et mes souvenirs sont si confus...

— Prends un verre de punch pour réchauffer ta mémoire. Maître Schaffner, servez-nous trois punchs.

— Non, dit Volfrang, je me souviendrais mieux en fumant ceci.

Et il bourra une longue pipe de tabac d'Orient.

— A ton aise, fit Léo; mais cela n'empêche pas de boire. Tu veux fumer, eh bien! la canette est amie de la pipe. D'ailleurs, mon ami, un narrateur a nécessairement besoin de se rafraîchir de temps à autre, et si Didon et Calypso paraissent avoir négligé cette marque d'attention à l'égard d'Enée et de Télémaque, ce n'est pas une raison pour nous d'y manquer. Donc, père Schaffner, une canette, ou mieux, trois canettes... pour commencer.

Et les trois pots couronnés d'une écume argentée furent aussitôt servis.

II

UN LOCOMOTEUR DANS LE VIDE. — VOLFRANG QUITTE LA TERRE POUR UN MONDE MEILLEUR. — L'ATMOSPHÈRE-INANIA REGNA.

— Les habitants de Vénus, dit Volfrang, sont d'une taille plus haute et d'un tempérament plus vif que ceux de notre planète...

— Oh oh! interrompit Léo, te voilà déjà transporté dans cette étoile! Explique-nous d'abord comment tu y es allé. Est-ce comme Cyrano de Bergerac ou comme Hans Pfaall sont allés dans la Lune?

— Je n'ai employé ni l'un ni l'autre des moyens qu'ils ont adoptés. Cyrano ne pouvait aller bien loin avec des bouteilles pleines d'eau vaporisée par la chaleur du soleil, car la vapeur agissant également sur toutes les parois des flacons ne pouvait leur imprimer aucun mouvement ascensionnel ; et tout ce qui lui était possible, c'était de les faire éclater. Hans Pfaall n'a été guère mieux inspiré en s'élevant au moyen d'un ballon qui devait nécessairement le laisser en route, un peu au-dessus des nuages, et dans la région de l'atmosphère où l'air, de plus en plus raréfié, n'est pas plus lourd que l'hydrogène. En supposant même que ces bouteilles ou ce ballon les eussent fait monter dans le vide, ce qui est bien certain, c'est qu'ils n'avaient aucun expédient pour se diriger.

J'avais donc un double problème à résoudre.

— Et comment t'y es-tu pris? demanda Léo.

— Vous savez que le système général de locomotion sur notre globe, pour tous les êtres et tous les véhicules, est fondé sur la théorie du levier : ils se meuvent en exerçant un effort sur un point d'appui. Ce point d'appui est la terre pour l'homme et pour les animaux qui marchent ou qui rampent, c'est l'eau pour le poisson, et l'air pour l'oiseau. Quant à nos véhicules mus par la vapeur, le point d'appui est le rail sur lequel pèse et agit la roue de la locomotive, ou l'eau que frappent les palettes du steamer. Ce qui a empêché jusqu'à ce jour de parvenir à diriger les ballons, c'est, je crois, qu'on n'a jamais voulu sortir de ce système du levier, et que l'atmosphère, surtout dans les couches supérieures, s'est trouvée trop subtile pour fournir un point d'appui assez résistant, eu égard à la masse à mouvoir.

Il existe pourtant un moteur qui n'emprunte aucune force au milieu qui l'environne, c'est celui qui est fondé sur la différence des pressions agissant sur les parois intérieures d'un corps, et dont vous avez pu fréquemment constater les effets dans l'atmosphère.

— Bah!

— Sans doute. Combien de fois n'avez-vous pas vu s'élever dans les airs, non comme le ballon par suite d'une légèreté relative, mais en vertu d'une impulsion intérieure, ces objets, signes éclatants des joies populaires, qui brillent dans toutes les fêtes, dans tous les pays, et pour tous les gouvernements : les fusées volantes?

— En effet, dit Muller, elles s'élancent comme des flèches de feu dans les noires profondeurs du ciel, à cause de la pression du gaz produit par la combustion de la poudre. Cette pression agit sur toutes les parois, mais, comme elle est naturellement moins forte sur la paroi où se trouve placé l'orifice, il en résulte que l'équilibre étant rompu, elle agit sur celle qui est opposée à cet orifice, et qu'elle entraîne la fusée dans un rapide mouvement de recul.

— Et ce mouvement, ajouta Volfrang, est si loin d'être basé, comme celui des oiseaux, sur la résistance de l'air, que cette résistance lui nuit au lieu de le servir, et que si la combustion de la poudre pouvait se faire dans le vide, la fusée s'y élèverait avec bien plus d'élan et de rapidité que dans nos feux d'artifice.

C'est d'après ces données que j'ai construit mon véhicule pour faire visite à la splendide étoile, notre voisine, que nous appelons du doux nom de Vénus.

Mon appareil consistait en un réservoir rectangulaire, d'une surface d'environ quatre mètres carrés et d'une hauteur d'un mètre, à la paroi supérieure duquel venait aboutir l'embouchure d'une pompe aspirante et foulante mue par des électro-aimants d'une très grande puissance. Vers chacun de ses angles, se trouvait une sorte de cône tronqué, qui pouvait se mouvoir en tous sens, et par l'orifice duquel s'échappait avec force l'eau dont j'avais rempli le réservoir au moyen de la pompe, après l'avoir fait passer par un tuyau vertical pour augmenter la pression.

Lorsque la pompe était en jeu, il est évident que l'eau comprimant toutes les parois du cône, sauf le côté par où elle avait issue, ce cône devait être poussé en arrière, et entraîner le réservoir, avec une force égale à la pression que le liquide eût exercée sur la portion enlevée pour pratiquer l'orifice.

— Permets-moi de te faire observer, dit Léo, qu'une telle machine devait dépenser une bien grande quantité d'eau.

— L'eau n'était pas perdue, car le jet se trouvait arrêté et dévié à une certaine distance par une petite roue à palettes qui la faisait tomber dans un bassin pour y être puisée de nouveau par le corps de pompe.

C'est sur ce véhicule que je suis parti.

Mon premier soin devait être de me soustraire le plus tôt possible à l'attraction terrestre, et dirigeant le jet de mes cônes vers la terre, je me mis en œuvre, et montai verticalement. Les premiers mouvements furent assez lents, comme ceux d'un train au départ, mais l'impulsion continue que j'imprimais à la machine s'ajoutant au mouvement acquis, l'ascension devint très-rapide.

Que vous dirai-je du merveilleux panorama qui s'étendait à mes pieds, et dont le vaste horizon s'agrandissait sans cesse ? Par instants, à l'extrémité de grandes plaines dont les sinuosités échappaient à mon regard, je voyais s'élever un chaînon de montagnes, derrière lequel d'autres se montraient à leur tour. Çà et là, serpentaient les fleuves et les rivières, déroulant à l'infini les méandres de leurs anneaux d'argent. Vous jugez combien je devais être saisi d'admiration devant la grandiose beauté d'un pareil spectacle !

Cependant, la plaine sur laquelle je me trouvais semblait se resserrer peu à peu, et se laisser envahir par les montagnes qui surgissaient sans cesse à l'horizon. Bientôt mon regard ne distingua plus que leurs sommets, qui me parurent comme les flots immobiles d'une mer de verdure, sur laquelle brillaient au sud et à l'est les Alpes de la Suisse et du Tyrol, semblables aux traînées argentées que font sur l'Océan les vagues moutonneuses, en se brisant avec de longs bouillonnements d'écume.

Comme j'étais absorbé dans l'extase de mes contemplations, mon esquif aérien fut tourmenté par un vent du sud qui s'éleva avec assez de violence, amenant avec lui cette cohorte de gros nuages qui forme son cortége ordinaire. Ces nuées se groupèrent en masses noirâtres et profondes, comme pour livrer bataille à la terre, et bientôt, en effet, grondèrent dans leurs flancs des bruits sourds et menaçants. Un coup de foudre qu'elles lancèrent sur une des plus hautes montagnes, comme sur un fort de défense, ouvrit l'attaque, et aussitôt après elles envoyèrent une effroyable bordée de balles de glace qui ravagèrent, sans merci, les vignes et les moissons.

Ce ne fut pas, comme bien vous pensez, sans une vive appréhension, que je pénétrai dans le foyer même de la tempête. Dès la première couche de nuages, je me trouvai dans une obscurité profonde. Des vapeurs fuligineuses et pareilles à l'épaisse fumée de la houille m'entouraient de toutes parts, seulement, de temps à autre, l'éclair de la foudre y projetait une lueur d'un rouge sinistre, et en faisait *ces ténèbres visibles* que Milton a placées dans son enfer. Quelle que fût la rapidité de mon ascension, je voyageai dans ces masses caligineuses bien plus longtemps que je ne l'aurais pensé. Elles me parurent avoir au moins cinq lieues d'épaisseur, comme ce nuage que MM. Barral et Bixio traversèrent dans leur voyage aérostatique, et j'éprouvai une grande satisfaction lorsque enfin une clarté bien faible et bien confuse encore, mais devenant de plus en plus sensible, vint à pénétrer l'opacité du brouillard. Comme j'étais alors parvenu dans les couches les plus élevées de l'atmosphère, le froid devint extrêmement vif, il dépassa 30 degrés, et condensa les vapeurs en gouttes de glace qui, tombant à travers l'épaisse couche du nuage, glaçaient d'autres vapeurs autour d'elles, et atteignaient ainsi la grosseur ordinaire des grêlons.

En approchant de l'extrémité du nuage, je vis le soleil se dessiner en globe rougeâtre, semblable à un boulet sortant de la fournaise et comme nous l'apercevons à travers les brouillards du matin; seulement, par un curieux effet de mirage, son image se réfléchissait au-dessous de moi, dans les vapeurs. Peu à peu, il reprit sa couronne de rayons, et, je me trouvai dans une atmosphère resplendissante de lumière.

L'éclat azuré du ciel que j'eus grand bonheur à revoir était pourtant terne et pâle auprès de celui de l'amas de vapeurs que je venais de traverser. Vous pouvez difficilement vous imaginer la splendeur neigeuse des nuages, dans leur partie supérieure. Comme nous les voyons généralement entre le soleil et nous, ils ne nous présentent guère que leur face la plus obscure; l'autre ne nous apparaît que de profil, festonnant l'amas nébuleux de ces contours brillants que le pinceau ne saurait reproduire. Vus du côté du ciel, ils cessent d'être des écrans pour devenir des réflecteurs, et, du point où je me trouvais, rien n'égalait l'éblouissant éclat de ce même nuage qui, sur terre, répandait les ténèbres et la désolation.

A mesure que je montais, les nuages, par une illusion bien naturelle et que l'espace vide qui m'entourait rendait plus décevante, me paraissaient descendre, comme si tout à coup leur poids eût augmenté, et les eût entraînés dans une chûte rapide. Un coup de vent les balaya bientôt, et me permit de revoir la terre.

Pour un homme habitué comme nous à ramper sur notre globe, dans le cercle étroit et mesquin de nos affaires, c'était, je vous assure, un imposant et sublime spectacle que ce panorama lointain et l'immense coupole d'azur qui le couronnait. Il y eut un instant où il devint merveilleux de grandeur et de beauté : ce fut lorsque le soleil, ayant disparu de l'horizon terrestre, laissa le paysage dans l'ombre, et illumina des riches couleurs du couchant les brumes légères qui flottent dans les premières couches atmosphériques. C'était vraiment d'une splendeur magique! Au-dessus de ma tête, le zénith formant un dôme noir, piqué de quelques étoiles, puis la concavité sphérique du ciel passant, par zones successives, à des tons de plus en plus clairs et vifs pour s'embraser de teintes purpurines, orangées, et se terminer, vers le fond, en une profusion de jaune éblouissant, parsemé de longs nuages noirs, semblables à des îles fantastiques dans un océan d'or fondu.

Si mon âme se dilatait d'extase devant ces magnificences, en revanche, mon corps souffrait assez cruellement des conditions où le plaçait une élévation jusqu'alors inexplorée : il avait peine à respirer et grelottait sous les étreintes du froid. Je dus songer à faire de l'air et de la chaleur.

— De quelle façon? dit Muller.

— Tu peux bien penser, mon cher, qu'on n'entreprend pas un voyage comme celui de Vénus sans faire ses provisions; et comme l'air et la chaleur devaient me manquer dans le vide, j'avais eu soin de me prémunir à cet égard. Pour cela, je m'étais fait une sorte de cage d'épais cristal dans laquelle je pouvais fabriquer chimiquement de l'oxygène et de l'azote. Cette cloison descendait jusqu'au bassin destiné à recevoir l'eau des cônes tronqués, car, projetant un voyage hors de l'atmosphère, je devais prévenir l'évaporation que le vide n'aurait pas manqué de produire.

— Et pour te préserver du froid, tu avais donc aussi installé une cheminée? demanda Léo.

— Non, certes. Le courant de la combustion eût dévoré, en un clin d'œil, mon atmosphère de laboratoire. Au lieu d'une cheminée, j'avais placé, au-dessus de mon réservoir d'eau, un coffre rempli de chaux vive; je la mouillais, et de la combinaison qui s'opérait se dégageait une douce chaleur qui s'accumulait dans mon petit palais de cristal.

— Pourquoi l'avais-tu placée au-dessus de ton réservoir? dit Muller.

— Pour prévenir la congélation de l'eau.

— Sais-tu, fit Léo, que ta machine, ornée de tous ses accessoires, devait être d'un poids assez lourd?

— Sans doute, mais elle était puissante à proportion. Comme sa force était en raison directe de la grandeur des orifices et de la pression exercée sur l'eau, je pouvais l'augmenter à mon gré.

A mesure que je montais, la coupole noire et étoilée qui s'arrondissait sur ma tête prenait des proportions de plus en plus étendues. Au moment où elle s'était agrandie jusqu'à former un hémisphère complet, je franchissais la limite de l'atmosphère, et j'entrais dans le royaume du vide, *per inania regna !*

Vu à travers une double convexité de l'atmosphère et une étendue de vapeurs deux fois plus longue que celle qui nous sépare de l'horizon, le soleil me parût bien plus grand et plus éteint que lorsque nous assistons à son coucher d'un point quelconque de la surface terrestre. Il offrait l'aspect d'un énorme disque d'un rouge sombre, qui, par moments, s'animait de lueurs plus vives, suivant les vicissitudes de transparence que l'air éprouvait. Bientôt, je le vis disparaître derrière la courbe lointaine de l'horizon rationnel; ses ardents reflets s'éteignirent par degrés, et les nuages noirs que j'avais vus se dessiner sur un fond éclatant de lumière, perdirent la netteté de leurs contours, ou plutôt semblèrent s'étendre et voiler complétement cette partie du ciel. Il ne resta qu'une faible lueur rousse, qui s'effaça aussi à son tour... J'entrais dans le cône d'ombre de la terre.

Un spectacle non moins sublime s'offrit alors à mes yeux. Au-dessus de cette sphère resplendissante des riches couleurs de l'arc-en-ciel, que je venais d'admirer, j'en trouvais une autre toute étincelante d'étoiles. Vous ne sauriez concevoir combien leur feu était vif. Certes, sur la terre, au sommet des montagnes, nous avons souvent admiré le radieux scintillement des constellations, et pourtant l'atmosphère, mêlée de vapeurs, ternit leur éclat, auquel nuit aussi le fond bleuâtre du ciel qu'elles éclairent toujours un peu. Puis, on ne distingue bien que celles qui sont situées dans la région zénithale, les autres étant voilées par une couche d'air plus brumeuse et plus étendue. Mais, au sein du vide absolu où j'étais arrivé, des millions d'étoiles resplendissaient à l'horizon comme au zénith, sans que rien pût affaiblir la vivacité de leur rayonnement, et il me semblait que je voguais au sein d'une profusion de diamants, céleste poussière qui fourmillait dans l'espace infini. En bas seulement, la terre arrondissait son disque opaque, et formait un écran circulaire à la splendeur étoilée du ciel. Çà et là, sur sa surface noyée dans les ténèbres, apparaissaient, comme des points rougeâtres, les lointains reflets de l'éclairage de quelques grandes cités.

Un silence profond, universel, et insolite pour une oreille humaine, régnait autour de moi. Sur notre globe, même dans les nuits les plus calmes et les sites les plus déserts, toujours quelque bruit vient manifester l'activité et la vie : c'est un vol lourd d'oiseau nocturne, un frissonnement de feuillage, le frais gazouillis d'un ruisseau, la voix lointaine d'un fleuve; que sais-je encore?... Mais là, pas un frémissement, pas le plus faible écho du plus léger murmure... un silence morne, absolu, immense comme ces solitudes, et dont l'implacable persistance glaçait mon âme d'une lugubre terreur. O bruits de la terre, bruits chers et accoutumés, qu'étiez-vous devenus? Grondements tumultueux des grandes populations et des grandes ondes, joyeux chants d'oiseaux dans les campagnes, longues plaintes des vents dans les gorges escarpées ou les forêts profondes, douces et sauvages harmonies de la création, auxquelles notre oreille ne prête qu'une attention distraite tant elle y est habituée, combien je souffrais de ne plus vous entendre, et comme, à ce vaste silence, à cette obscurité profonde, à ce froid corrosif, je sentais bien que j'errais dans le domaine de la Mort! Le sentiment d'une telle solitude au milieu du néant m'accablait d'une prostration profonde, comme pour me punir de l'audace sacrilége qui m'avait fait franchir les limites assignées par Dieu à tout être vivant. Ce fut au point que, saisi de nostalgie, je voulus, pendant quelques instants, renoncer à mon voyage d'outre-

Terre, et retourner à notre planète, mais, comme l'a dit le fabuliste :

> Mais le désir de voir et l'humeur inquiète
> L'emportèrent enfin...

Et je continuai ma route... pauvre Robinson de l'immensité !

III

LE JOUR DANS LE VIDE. — VOLFRANG BRULE LA LUNE — DESCENTE A VÉNUS.

Après sept ou huit heures d'ascension dans les ténèbres, je m'aperçus avec joie, que, sur le bord oriental de notre globe, l'atmosphère s'éclairait par degrés. Bientôt le soleil reparut à mes yeux; sa teinte d'un brun orangé devint de moins en moins foncée à mesure qu'il traversait les diverses couches de l'atmosphère, et lorsqu'il s'en dégagea au bout

2.

de quelques secondes, il se montra plus clair et plus brillant que lorsque nous le voyons au zénith par une sereine journée d'été. — Je sortais enfin du cône d'ombre de la Terre.

— Tu devais te trouver alors au milieu de ces torrents de lumière que verse le soleil sur tout le système planétaire.

— Pas du tout, mon cher Muller, j'étais entouré d'une obscurité intense, comme un instant auparavant.

— Cela m'étonne, fit Léo; il n'y a de ténèbres dans l'espace que celles qu'y font les planètes perpétuellement coiffées de leurs cônes d'ombre. Hors de là, tout est lumière, et lumière vive, éclatante, puisque l'atmosphère ne la tamise plus comme un rideau de gaze bleue.

— Sans doute, l'agent lumineux traverse l'espace dans toute sa force et toute sa pureté, mais comme il ne se reflète que sur des corps extrêmement éloignés, l'aspect général de ces vastes régions était à peu près le même à mes yeux que lorsque je naviguais dans le cône d'ombre. Rien n'était changé au ciel : il n'y avait qu'une étoile de plus; étoile beaucoup plus grosse que les autres, il est vrai, mais se détachant comme elles sur le fond absolument noir du ciel, sans répandre au loin cette lumière diffuse dont nous jouissons sur la terre, et que nous appelons le grand jour.

Voulez-vous un exemple sensible de cette différence? Supposez un bocal sphérique, en cristal, au centre duquel serait suspendue une boule en terre cuite; — une eau bleuâtre remplirait le vide existant entre ces deux sphères. — Maintenant, par une nuit sombre, placez cet appareil sur une hauteur bien nue, et dirigez sur lui le pinceau d'une lumière électrique. Un hémisphère de la boule s'éclairera ainsi que le liquide qui l'entoure, les insectes aquatiques qui ramperont sur cet hémisphère auront la sensation du grand jour, et pourtant, au dehors, la nuit régnera tout aussi sombre; le foyer électrique sera visible, mais sa lumière, se perdant sans se refléter ailleurs que sur le globe en question, ne laissera aucune trace dans l'espace.

— Mille pardons, mon cher Volfrang, dit Muller, la lumière électrique se distingue parfaitement dans l'air qu'elle traverse et qu'elle sillonne d'une longue traînée phosphorescente.

— Parce qu'elle y rencontre des grains de poussière et des vapeurs qu'elle éclaire, mais dans une atmosphère très-pure, et mieux encore, dans le vide parfait, une énorme gerbe de lumière pourrait passer à un décimètre de nos yeux, par la nuit la plus sombre, sans que nous l'aperçussions le moins du monde.

Il arrivait ainsi qu'un côté de mon esquif était très-vivement éclairé par les rayons qui le frappaient, tandis que l'autre se fondait brusquement dans une ombre si noire qu'il était absolument invisible.

Cependant le soleil montant peu à peu répandit sa lumière sur la sphère terrestre qui m'envoya son reflet. Ce reflet, traversant une atmosphère d'un bleu pâle, était un peu rouge, surtout vers les bords.

J'étais déjà bien loin de notre planète ; et sa force d'attraction diminuant d'une façon notable, la vitesse de mon ascension s'en accrut considérablement.

— Tu parles toujours de ton ascension, observa Léo, sans paraître t'occuper outre mesure de te diriger vers Vénus, le but de ton pèlerinage.

— Je ne pouvais y songer encore. Tant que j'étais soumis à l'attraction de la Terre, je devais, pour conserver l'équilibre de mon esquif, me contenter de monter, en suivant la direction du rayon terrestre ; et, notre planète m'entraînant dans son mouvement de rotation, il se trouvait ainsi que je m'en éloignais en décrivant une spirale gigantesque.

Parvenu à la limite qui sépare la sphère d'attraction lunaire de la sphère d'attraction terrestre, je n'eus absolument aucun mouvement à faire pour rester suspendu au milieu de l'espace dans un équilibre parfait. Je stationnai sur ce point de tangence, — semblable à un capitaine de vaisseau qui attend la marée pour entrer au port, — jusqu'à ce que la Lune, après avoir passé sous Vénus, la laissât reparaître à l'autre bord. Quand ce moment fut arrivé, une légère impulsion me tira de ma position d'équilibre, et me fit entrer dans la sphère d'attraction de la Lune. Mon appareil se retourna, la partie inférieure se dirigea vers le centre du satellite; mais, afin de ne pas tomber sur cet astre, je dirigeai latéralement mes cônes propulseurs. De cette façon, je passai près de ses bords sans y toucher.

— Tu as donc voulu, dit en riant Léo, *brûler* la station de la Lune, suivant l'expression en usage dans les voyages en chemin de fer? A ta place, j'aurais eu la curiosité de m'y arrêter quelques instants.

— Comme elle n'a pas d'atmosphère, j'ai pu la voir parfaitement sans y débarquer. C'est un astre mort qui me présenta l'aspect le plus désolé : nulle trace d'habitation, pas un seul animal, pas une plante; partout la neige et la glace, partout le morne silence et la funèbre solitude d'un cimetière abandonné. Çà et là, se dressaient des pics de plus de six mille mètres de hauteur. Ils étaient fréquemment entourés de montagnes plus basses, mais d'une forme toute particulière, et qui, grâce à leur milieu évidé et à leurs bords circulaires, ressemblaient à de blanches couronnes semées au pied de colossales pyramides funéraires.

Ailleurs, s'étendaient d'immenses plaines dont la surface était parfaitement unie, et qui, visibles de la Terre, ont reçu des sélénographes les noms de *mare cœruleum*, *mare procellarum*, *mare serenitatis*, etc. Il semble, en effet, que ce soit d'anciennes mers, aujourd'hui complétement congelées.

Toutefois, malgré le défaut d'atmosphère, et l'excessive intensité du froid qui règne sur la Lune, je n'oserais affirmer qu'il ne s'y trouve point d'habitants, pas plus que je n'affirmerais qu'à leur période incandescente. la Terre et son satellite en eussent été complétement privés. La providence divine n'a-t-elle pas semé la vie partout, et peuplé les zônes brûlantes et glaciales, les airs, les eaux et jusqu'à l'intérieur de la Terre, des animaux les plus dissemblables, et tous spécialement organisés pour les divers milieux où elle les a placés?

Ces habitants de la Lune, s'il en existe, se trouvent dans des conditions bien inégales quant au degré de clarté de leurs nuits. Tout un hémisphère ne voit jamais notre planète, tandis que l'autre jouit d'un *clair de terre* continu pendant ses longues nuits de quinze fois vingt-quatre heures. Ces clairs de terre, treize fois plus vifs que nos clairs de lune, ont, comme ceux-ci, leurs phases croissantes et décroissantes. Mais ce qu'il y a de singulier c'est qu'aux yeux des Sélénites, la Terre paraît occuper toujours le même point du ciel : ceux qui habitent les bords de l'hémisphère favorisé la voient toujours à l'horizon, et ceux qui occupent les régions centrales toujours au zénith.

Au moment de mon passage près de la Lune, le soleil éclairait presque en entier la face opposée à celle que nous montre notre satellite. Cette dernière n'était lumineuse que sur ses bords, et elle devait dessiner à l'horizon terrestre un de ces croissants déliés, virgules d'or sur l'azur du ciel, qui annoncent le commencement ou la fin d'une lunaison. Quant à la Terre, elle était éclairée dans les mêmes proportions que l'autre hémisphère de la Lune, c'est-à-dire à peu près totalement.

— Et qu'as-tu remarqué sur cet hémisphère que ne nous montre jamais la Lune? demanda Léo. J'imagine qu'il est moins beau que l'autre puisqu'elle s'obstine éternellement à nous le cacher.

— Je la crois innocente de toute coquetterie à cet égard, reprit Volfrang avec un sourire, et je pense que si elle dirige toujours la même face de notre côté, c'est tout simplement parce qu'elle est attirée avec trop de force par la Terre. Elle se comporte à cet égard comme un ballon qui, suspendu dans l'atmosphère et entraîné aussi par le mouvement rotatoire de notre planète, n'en a pas moins toujours le même côté tourné vers le sol, si l'air est parfaitement calme. Toutefois la partie que nous montre notre satellite me parut plus bombée que l'autre, apparemment à cause de l'attraction que la Terre exerçait sur elle pendant la période de fusion.

— Ainsi, sur ses deux faces dit Vilhem, la Lune t'a paru un monde mort.

— Comme le seront un jour toutes les planètes et le soleil lui-même.

— Et sans doute alors notre pauvre système planétaire, privé de chaleur et de lumière, n'en continuera pas moins sa morne promenade à travers l'espace, pendant l'éternité entière !

— Il est probable que non. Tout au monde, depuis le brin d'herbe jusqu'aux sphères célestes, semble devoir retourner à son premier état; et, pour opérer la transformation de notre système, il suffira que le soleil éteint vienne à rencontrer une autre sphère. L'arrêt subit de son mouvement paralysera la force centrifuge qui tient les planètes éloignées de lui, et produira une chaleur telle que le système entier reprendra l'état gazeux qu'il avait à l'origine.

Mais j'en reviens à mon voyage.

Parvenu dans une zône où s'affaiblissait l'attraction du satellite, je voguai avec une vitesse extrême.

Il n'est pas, mes chers amis, de vol fantastique d'hippogriffe ou de léviathan, de fée Titania ou de sylphe Ariel, qui puisse vous donner une idée de la vélocité de cette course. Vous en concevez aisément la raison : je ne trouvais aucun des deux obstacles qui ralentissent d'ordinaire l'élan de nos véhicules : la pesanteur et la résistance de l'air. Aussi, la moindre impulsion imprimée à mon esquif le lançait-elle avec une extrême vigueur, qui, loin de se ralentir, ne faisait que s'accroître, le mouvement s'ajoutant toujours à lui-même, et l'attraction de plus en plus forte de Vénus achevant de le précipiter. Dans la vaste solitude où je glissais, je ne pouvais guère plus me rendre compte de cette rapidité fulgurante qu'un voyageur, roulant dans un wagon dont il a baissé les stores, ne se rend compte de la vitesse d'un train. Cependant, à considérer l'accroissement que prenait le diamètre de la planète que j'allais visiter, je jugeai que je devais faire plusieurs centaines de lieues par seconde. En revanche, la Terre s'était réduite à mes yeux aux proportions d'une simple étoile, perdue dans l'éblouissante multitude d'astres qui brillaient autour de moi.

Je me sentis saisi d'un sentiment de triste humilité quand je vis combien c'était peu de chose dans l'univers que cette Terre pour laquelle il nous semble que tout ait été créé. — Ainsi, me disais-je, c'est sur ce globe presque imperceptible, ou plutôt sur une de ses parties (car l'eau en couvre les trois quarts) que s'agitent des millions de petits êtres qui se proclament les rois de la création... Chétives créatures, qui ne peuvent même pas couler dans une paix fraternelle la courte vie que Dieu leur a permise sur ce grain de sable, et qui la consument méchamment à s'exploiter et à se déchirer les uns les autres. Peuples formant un État, ils s'efforcent de duper leurs voisins en mettant en œuvre les fourberies des scapins diplomatiques, quand ils ne tentent pas, sous de futiles prétextes, de s'emparer à main armée de leur territoire. Particuliers, leur souci perpétuel est d'acquérir la fortune et les distinctions, beaucoup moins pour en jouir que pour dominer les autres et savourer la douce joie d'être enviés par eux. De combien d'intrigues, de haines et de luttes sanglantes ce point lumineux n'est-il pas le foyer?... Va, pauvre grain de poussière flottant dans un rayon de soleil, parcours le cercle étroit que la main de Dieu t'a tracé dans l'espace incommensurable, et continue à loisir tes clameurs, tes dissensions et tes combats, jusqu'au jour où, étant glacé à ton tour par l'inévitable souffle de la mort, un épais linceul de frimas viendra couvrir pour jamais et les générations que tu auras portées et les derniers vestiges de leur vanité !

Quand je pénétrai dans l'atmosphère de Vénus, je disposai mes cônes propulseurs de façon à modérer la vitesse de ma descente, pour ne pas être brisé comme verre sur le sol de la planète, et faire naufrage au port, après un voyage de si long cours!

II

VÉNUSIA

IV

ACCUEIL FAIT PAR LES INDIGÈNES. — VÉNUSIA.

Ma joie fut grande de retrouver enfin l'air, la lumière et la vie. Je tombai au milieu d'une vaste plaine, dans une prairie dont l'herbe était beaucoup plus haute que celle de nos campagnes, et ce qui me frappa tout d'abord ce fut la vive lumière dont le paysage était inondé ; car Vénus est deux fois plus éclairée que notre planète, et le soleil y paraît deux fois plus gros.

— Il doit aussi y faire bien chaud, dit Muller.

— La température ne s'accroît pas dans ces proportions. Vénus étant plus petite que la Terre se trouve par là-même plus refroidie; puis vous savez que le soleil échauffe moins par sa proximité qu'en raison de la direction plus ou moins verticale de ses rayons : nous sommes plus près du soleil en hiver qu'en été, mais ses rayons sont alors plus obliques, et de là vient l'énorme différence de température dans les deux saisons. Vénus est, sans doute, plus échauffée à son équateur que notre planète, mais sa population se porte surtout dans les régions hyperboréennes que l'intensité du froid rend chez nous inhabitables. En outre, son atmosphère est beaucoup plus nébuleuse que la nôtre, comme une simple observation télescopique suffira pour vous en convaincre, et ce voile épais de blanches vapeurs, qui renvoie dans l'espace les rayons solaires, préserve ainsi fréquemment le sol de leurs brûlantes atteintes, en même temps qu'il est une cause de pluies abondantes.

A peine avais-je abordé le territoire vénusien, que je vis accourir, des champs voisins, une douzaine de paysans qui avaient été spectateurs de ma descente aérienne. Me rappelant alors que bien des aéronautes descendant ainsi dans les campagnes avaient reçu de leurs habitants un accueil inhospitalier et même un peu contondant, j'eus quelque appréhension de subir un sort pareil, et d'avoir été bien loin chercher une bastonnade.

Mais l'abord des indigènes me rassura bientôt : ils ne manifestèrent à ma vue qu'un étonnement profond, et, pendant quelques instants, nous nous observâmes avec une curiosité réciproque. Puis, l'un d'eux me dit, d'un air affable, quelques mots d'une langue qui me parut très-douce à l'oreille, je lui fis signe que je ne le comprenais pas, ce qui redoubla sa surprise, attendu qu'on ne parle qu'un seul idiome sur toute la planète. Ayant alors recours à la pantomime, la langue universellement intelligible de la création, il me fit signe de le suivre, et m'aida, avec ses compagnons, à porter mon esquif. A cet accueil si obligeant et si dévoué, je reconnus avec plaisir que j'étais dans un pays plus civilisé que la terre.

Chemin faisant, j'examinai mes guides avec une attention bien naturelle. C'étaient des hommes grands et forts, à la peau dorée par le soleil.

La providence divine a conformé chaque créature suivant le climat sous lequel elle l'a placée. Elle a donné une peau brune aux hommes du midi afin de rendre plus facile l'émission du calorique qu'ils dégagent, et une fourrure blanche aux animaux du nord dans un but tout contraire. Elle a également doté les yeux des animaux nocturnes d'un iris gris ou jaune, divisé par de larges pupilles qui leur permettent d'y voir pendant la nuit. Par une raison inverse, les yeux des Vénusiens sont noirs et n'ont qu'une pupille très-petite. Je regrettai beaucoup, pour mon compte, de n'avoir pas le même avantage, car le soleil, qui brillait à ce moment de tout son éclat, répandait une lumière éblouissante.

Plus j'avançais dans les campagnes, plus j'admirais cette végétation luxuriante qui m'avait surpris à mon débarquement, et qu'on doit sans doute attribuer à l'influence des pluies fréquentes que verse une atmosphère chargée de vapeurs, et à celle de la lumière solaire qui facilite, comme on sait, l'absorption de l'acide carbonique par les végétaux. Les fleurs et les oiseaux avaient aussi, à un plus haut degré que dans nos climats les plus favorisés du soleil, cette coloration brillante qu'ils reçoivent de ses rayons.

On travaillait aux champs, ou plutôt on employait au travail ces infatigables animaux de fer et d'acier qui feront bientôt toute la besogne de l'humanité. La plupart de ces machines agricoles avaient pour moteur l'air dilaté par la chaleur, et lorsque le ciel était pur, des lentilles, d'une dimension inconnue ici, suffisaient pour procurer le calorique nécessaire.

Quant au transport des récoltes, il se faisait au moyen de chemins de fer qui sillonnaient toute la campagne, et qui, étant construits avec des rails et des traverses inoxidables, n'étaient pas d'un entretien coûteux.

Au bout de quelques instants, nous arrivâmes près d'une ferme où l'un des gens qui m'accompagnaient me fit signe d'entrer. On remisa mon appareil sous un hangard; puis mon hôte me fit asseoir auprès d'une table, à l'ombre d'un arbre gigantesque, aux rameaux duquel pendaient de longues grappes de fleurs irisées dont les senteurs singulièrement pénétrantes embaumaient l'air à une grande distance. Avec quelques mets substantiels, on nous servit un flacon d'un vin généreux, et des fruits d'une saveur inimaginable.

Malheureusement, et pour cause, le repas ne fut pas égayé le moins du monde par cette conversation animée qui, chez nous, se mêle à tout et peut suppléer à tout.

Le lendemain matin, mon cultivateur vénusien m'engagea à le suivre dans une excursion vers la ville voisine. Cet homme, ainsi que je l'ai su depuis, était fermier d'un savant du nom de Mélino, qui habitait la ville de Vénusia, située à cinq ou six lieues de là. Mon hôte avait dans sa cour une petite voiture placée sur des rails qui communiquaient au sentier voisin, il la chargea de quelques denrées destinées à son propriétaire, puis nous y montâmes, et, mise en mouvement par un appareil électro-magnétique d'une grande puissance, elle s'élança sur la voie ferrée.

Au bout d'un quart d'heure, la ville m'apparut avec ses tourelles, ses aiguilles et ses dômes, recouverts de métaux qui nous sont inconnus, et dont les larges reflets roses, verts ou rouges, se mêlaient au scintillement de grosses gemmes qui constellaient leur surface en y dessinant de rayonnantes arabesques.

Comme j'approchais de cette féerique cité une réflexion soudaine me remplit d'inquiétude : je songeai que, suivant les usages de la civilisation, on ne manquerait pas, sans doute, de me demander mes *papiers*. Or, je les avais laissés à Speinheim, et il faut convenir que j'en étais un peu loin pour songer à réparer cet oubli.

Cependant, à notre arrivée, bien que mon physique très-exotique dût éveiller les soupçons de la police, dont la méfiance est comme on sait la première vertu, j'eus l'agrément de ne subir aucune investigation ni pour mes papiers, ni pour mes bagages. La douane n'existe pas pour les heureux voyageurs de Vénus.

Ils sont également affranchis de l'octroi, — exemption qui me parut aussi libérale que sage. C'est, en effet, permettre l'usage habituel du vin aux classes laborieuses qui plus que les autres en ont besoin à leurs repas, et le paient, chez nous, plus cher que les gens riches, attendu qu'elles ne l'achètent qu'en détail. Ajoutons qu'elles n'ont encore le plus souvent qu'un liquide sans nom, d'une provenance beaucoup plus chimique que viticole. Supprimer l'octroi, c'est supprimer la sophistication.

Les maisons de Vénusia n'offraient pas l'aspect de ces amas de hautes constructions, de ces pâtés d'édifices, où s'entasse et grouille une population aussi nombreuse et aussi serrée qu'un essaim d'abeilles dans une ruche. Chaque habitation était peu élevée, et possédait un jardin à l'entour.

Je fus frappé du grand nombre des hôpitaux, et surtout de la rareté des casernes. Malgré la quantité considérable des usines, aucune fumée noirâtre ne dégorgeait à gros bouillons de leurs hautes cheminées pour s'étendre ensuite sur la ville et y retomber en une fine pluie de poussière huileuse. Les fourneaux brûlaient leur fumée.

Les rues étaient fort larges et composées de plusieurs voies : une chaussée pour les voitures à gros chargement ; de chaque côté, une autre voie pour les véhicules de moindre dimension ; enfin, pour les simples piétons, deux larges trottoirs abrités, en temps de pluie, par des marquises mobiles, dont chaque maison était garnie et qu'on abaissait à volonté.

Les véhicules de la seconde voie attirèrent particulièrement mon attention. La plupart consistaient en une sorte de selle portée sur deux larges roues, l'une devant, l'autre derrière. Assis à califourchon sur ce siége, le voyageur imprimait au véhicule un mouvement rapide, tantôt en frappant le sol avec ses pieds, tantôt au moyen d'un mécanisme mu par la vapeur ou l'électricité.

Les voies réservées aux voitures étaient recouvertes d'une matière aussi consistante que le métal, de sorte qu'elles présentaient les avantages de traction de nos chemins de fer, et qu'elles ne se transformaient jamais en un fleuve bourbeux de macadam.

Pour obvier aux lenteurs et aux accidents qui proviennent du croisement des rues, les voitures allant de l'est à l'ouest traversaient un passage souterrain situé au point de rencontre d'une rue avec une autre, et servant aussi aux piétons.

J'observai encore que les courses des voitures publiques se payaient avec des jetons métalliques achetés d'avance, et que les cochers ou conducteurs rapportaient ensuite à leur administration; — système qui avait le double avantage d'empêcher les fraudes si fréquentes de nos automédons mercenaires, et d'éviter les ennuis et les discussions qui accompagnent plus d'une fois les règlements de compte avec ces serviteurs à l'heure, dont une exquise urbanité ne constitue pas précisément le principal mérite.

Les costumes des Vénusiens offraient beaucoup plus de variété que les nôtres. Chez nous, vous le savez, règne sans partage le vêtement sombre : pantalon noir, habit noir, chapeau noir, robe noire, constituent la fleur de l'élégance et du bon ton, ce qui malheureusement donne à nos rues et à nos boulevards une physionomie particulièrement triste et monotone. Dans Vénus, au contraire, le pays aux vives lumières et aux vives couleurs, tout le monde n'accepte pas aveuglément l'uniforme décrété par le tailleur ou la couturière, et la fantaisie a une grande part dans le costume. Chacun choisit la forme et la couleur du vêtement qui lui sied le mieux, si bien que tous les costumes de notre planète sont à peu près représentés sur le trottoir d'une seule rue, et cette variété produit un coup-d'œil autrement pittoresque et gai que la funèbre procession de nos noirs habillements. Les Vénusiens aiment les vêtements amples, leur cou se dégage libre des étreintes de la cravate et du faux-col, et leur coiffure, quelque diverse qu'elle soit, n'affecte jamais la forme disgracieuse du cylindre de soie qui pèse sur notre tête sans la protéger contre les ardeurs du soleil.

J'ajouterai que pas un seul n'était décoré.

Quant aux femmes, elles ne s'infligent pas cet odieux et malfaisant corset qui, brisant le bas de leur poitrine, les divise en deux, et leur donne l'apparence d'un buste sur un dôme de crinoline. Revêtues d'une longue tunique, surmontée d'éclatantes draperies qui laissent couler autour du corps les flots de leurs plis harmonieux, elles laissent vaguement transparaître, sous ces voiles pudiques, toute la souplesse et la grâce des formes admirables dont les dota le Créateur pour en faire son chef-d'œuvre.

V

LE SAVANT MÉLINO. — FORMATION DE VÉNUS. — GÉNÉRATION SPONTANÉE.

La maison de Mélino était située dans un de ces faubourgs éloignés du centre de la ville, qui sont les quartiers où les savants aiment d'ordinaire à fixer leur retraite. Là, s'éteignent l'activité fiévreuse de la cité affairée, le bruit des voitures, les cris des marchands, et c'est à peine si l'on entend comme un lointain murmure l'assourdissant brouhaha de la civilisation. Le calme de ces régions y protège le cours des investigations laborieuses et des méditations austères. Ailleurs, s'ouvrent à tout venant les magasins, les bazars, les bureaux d'agents de change, et toutes les salles publiques du commerce, de la chicane et de la banque; là seulement, se rencontrent ces vastes et sombres cabinets, entourés d'une riche collection d'antiquités et de curiosités, dont un savant occupe le centre, — sans la déparer sous aucun rapport.

Tel était le cabinet ou plutôt la salle de travail où nous reçut le digne Mélino, vieillard à barbe blanche, au visage sillonné par le travail, et aux allures un peu maniaques et bizarres, comme tous les savants.

Cette obscure clarté qui tombe des persiennes permettait de voir vaguement les objets de toute nature qui tapissaient l'appartement, surchargeaient les étagères, et envahissaient jusqu'au plafond : vestiges d'animaux qui avaient peuplé les diverses couches de l'écorce vénusienne, médailles rongées de vétusté, armes fossiles, depuis la hache en silex des premières générations jusqu'au fusil de munition, très-abondant dans la dernière couche sédimentaire de Vénus; rien ne manquait à ce muséum zoologique, minéralogique, etc., du vénérable Mélino.

Dès qu'il m'eut aperçu auprès de son fermier, il

ne put retenir un cri de surprise, et, en considérant ma taille exigue, ma peau blanche et mes yeux dépourvus de longs cils, il laissa paraître ce sentiment d'ineffable bonheur qu'éprouve un savant à la découverte d'un phénomène. Mélino m'adressa ensuite quelques paroles qui semblaient interrogatives et auxquelles je ne répondis que par un geste signifiant que je ne les comprenais pas. Il recourut alors au paysan qui me parut lui expliquer le motif de la présentation qu'il lui faisait de ma personne.

Mélino sonna son domestique, lui parla, et nous conduisit dans la salle à manger. Je fus surpris de ce qu'au lieu de faire servir le fermier à l'office, suivant l'usage de bien des démocrates de ma connaissance, il le plaça à table à côté de lui. J'observai encore qu'il n'avait pas infligé à son domestique l'ignominieuse livrée, et qu'il n'exigeait pas de lui ces attitudes courbées et cette basse humilité, que la vanité des riches impose souvent à la pauvreté de ceux qui les servent.

Le repas achevé, Mélino congédia son fermier, et me retint avec toutes sortes de démonstrations bienveillantes. Il me désigna un petit appartement que les collections n'avaient point encore tout à fait envahi, en me faisant signe qu'il m'était destiné.

Nous retournâmes ensuite dans son cabinet, il me fit asseoir, et prit dans sa bibliothèque un volumineux album d'anthropologie qu'il feuilleta curieusement, en me comparant aux images, sans pouvoir trouver, parmi tous ces échantillons des peuples de Vénus, aucun type qui fût le mien. Essayant alors d'un autre moyen, il me conduisit devant une mappemonde de sa planète, en m'interrogeant du regard. Ma réponse toujours négative redoubla ses perplexités.

A ce moment, le soleil venait de descendre derrière l'horizon, et une seule étoile, à l'éclat très-vif, brillait au ciel. C'était notre planète. Je conduisis mon hôte vers la fenêtre, et lui montrai l'étoile en indiquant que c'était de là que je venais.

Je vous laisse à penser, mes amis, la stupéfaction et la joie du savant à cette révélation. Pour satisfaire sa curiosité qu'elle surexcitait et que mon mutisme désespérait, et aussi un peu, j'aime à le croire, dans l'intérêt de ma nouvelle situation d'habitant de Vénus, il s'empressa de m'enseigner la langue des Vénusiens.

A part les difficultés du commencement, sa tâche fut assez aisée. Cette langue est en effet extrêmement simple, et la grammaire qui la régit n'est pas comme la nôtre un chaos de règles arbitraires, toujours infirmées par une foule d'exceptions, et tellement confuses et incertaines que les grammairiens eux-mêmes sont en désaccord sur beaucoup de points.

Rien heureusement, dans la langue vénusienne, qui ressemblât à cette anarchie. Quelques règles simples et logiques composent toute sa grammaire. Quant aux mots, je n'en sache pas de plus doux à l'oreille. C'est dire qu'ils ne sont point, comme ceux de nos langues du Nord, hérissés de rudes consonnes qui les rendent aussi peu agréables à prononcer qu'à entendre.

Dès que j'eus assez de notions de la langue pour m'exprimer intelligiblement, Mélino m'adressa de nombreuses questions sur notre planète. Le résumé de mes réponses fut qu'elle offrait dans sa nature physique des différences peu considérables avec Vénus, mais que la civilisation y paraissait moins avancée.

— Je ne m'étonne pas qu'il en soit ainsi, dit Mélino. Quant à l'état physique, vous savez, sans doute, que, dans le principe, le soleil et toutes ses planètes ne formaient qu'une seule nébuleuse d'une étendue énorme, détachée elle-même d'un amas cosmique incommensurable qui a produit toutes les étoiles que nous pouvons voir.

« Comme il arriva pour les autres nébuleuses, les éléments de la nôtre se séparèrent, et se condensèrent ainsi que se condensent les vapeurs d'un nuage dans lequel se forme la grêle.

— Mais, en ce cas, répliquai-je, de même que le nuage produit un nombre infini de grêlons, la nébuleuse se serait résolue en une infinité de planètes, et non en un soleil entouré de quelques astres relativement très-petits.

— Remarquez, répondit Mélino, qu'à la différence des grêlons que l'attraction terrestre fait descendre du nuage, les diverses agglomérations de matière cosmique condensée étaient attirées vers le centre de la nébuleuse, et qu'elles y ont ainsi formé le soleil.

— Alors, lui dis-je, d'où vient qu'une partie ait résisté à cette attraction et formé les planètes ?

— A cause de la force centrifuge. La nébuleuse entière, — faisant une révolution, dont les éléments sont inconnus, autour de cet astre mystérieux qui dirige encore le cours du soleil, escorté de sa nombreuse famille (92 planètes), — était animée d'un mouvement de rotation. Ce mouvement très-lent, dans l'origine, à cause de l'immense étendue de la matière diffuse, s'accéléra beaucoup lorsqu'elle fut presque totalement réduite en un soleil, et la force centrifuge s'en accrut d'autant : si bien que les parties de la nébuleuse qui ne s'étaient pas encore condensées, tournant plus vite autour de l'axe commun, en restèrent écartées, et ne cédèrent pas à l'attraction solaire. Par suite de leur état gazéiforme, elles affectèrent d'abord la forme d'une portion d'anneau autour du soleil. Puis, la partie qui se condensa la première attira les autres, et peu à peu le croissant se rétrécit et s'aggloméra en sphère.

« Ce qui s'était passé après la formation du soleil pour engendrer les planètes, se produisit après la formation de celles-ci dans la production de leurs satellites. Il arriva même, à l'égard d'un de ces satellites, que la substance fut assez abondante et voisine de la planète pour former un anneau complet. La condensation de la matière cosmique et les combinaisons chimiques qu'elle amena laissant libre une énorme quantité de calorique latent, toutes ces sphères sont devenues incandescentes. La plus grosse, le soleil, est encore dans cet état. Quant aux autres, beaucoup sont refroidies à leur surface comme la Terre et Vénus; les satellites étant beaucoup plus petits, ont perdu toute leur chaleur.

« La combustion de notre globe avait produit une immense quantité d'acide carbonique. Les végétaux naquirent alors pour en absorber le carbone et en dégager l'oxygène. De ces deux principes tendant à se reconstituer et agissant sur la matière organique formée par les détritus des plantes, provinrent les animaux, dont la fonction est précisément de reconstituer l'acide carbonique par le phénomène de la respiration. Seulement, ces derniers durent différer des végétaux par suite de leurs besoins particuliers. La plante, à laquelle il ne fallait que de l'acide carbonique, de l'eau, de la matière azotée et de la lumière, put vivre sur place, car elle avait tous ces éléments à sa portée.

« Mais l'animal, devant décomposer les végétaux et en restituer les principes à l'air et au sol, a eu besoin d'aller les trouver, et de les choisir suivant les exigences de sa nature spéciale ; il a donc fallu qu'il fût doué de sens, d'une certaine intelligence et d'un appareil de locomotion.

« Imprégnée des émanations de vapeur d'eau et d'acide carbonique qui chargeaient l'atmosphère, et toute moite des fécondes ardeurs de la virginité, la planète engendra d'abord des productions colossales. Les animaux, alors informes et à peine ébauchés, suivirent les phases de leur perfectionnement à mesure qu'ils ressentirent de nouveaux besoins. Comme, dans le principe, une végétation exubérante couvrait tout le sol et remplissait le fond des mers, le soin de se nourrir n'exigeait pas, de leur part, une grande puissance de locomotion : les uns n'avaient qu'à ouvrir les valves de leurs coquilles pour absorber la matière organique dissoute dans les eaux, les autres qu'à ramper dans les fougères pour trouver une pâture abondante. De là vient que la vie animale se manifesta d'abord, dans les eaux par l'apparition des mollusques, et sur le sol par celle des reptiles.

« Puis, à mesure que les animaux se multipliaient et détruisaient une quantité d'autant plus grande de végétaux, une marche plus rapide leur devint nécessaire. Les efforts constants de plusieurs générations modifièrent leur constitution primitive, leurs jambes s'allongèrent, et ils devinrent plus aptes au saut et à la course. Certains purent même voler; mais ce n'était pas encore l'oiseau : c'était seulement un certain genre de reptiles qui commençaient leur métamorphose pour devenir des êtres ailés. Par la suite des temps et les soins incessants de la Providence, leur corps s'est amoindri, et leurs ailes, se couvrant de longues plumes, ont acquis plus de puissance et de légèreté. Les espèces se sont en-

4.

suite multipliées : l'oiseau aimant à se nourrir d'insectes aquatiques, à force de se hisser sur ses pattes pour respirer hors de l'eau et de tendre le cou pour y saisir sa proie, a vu peu à peu ses pattes et son cou s'allonger. Ainsi des autres animaux : chaque espèce a été dotée de l'organisation et a subi les modifications qu'ont successivement réclamées les diverses conditions d'existence où elle s'est trouvée placée. Et croyez bien que cette lente métamorphose s'accomplit encore de nos jours. Elle est insensible, il est vrai, depuis le dernier déluge, mais qu'est-ce donc que cinq ou six mille ans dans l'âge d'une planète? une heure tout au plus dans notre existence!

« Enfin, après bien des cataclysmes, l'homme parut; — et, si Dieu ne fit presque rien pour les besoins de son corps, qu'il créa nu, frêle et délicat, en revanche il fit tout pour son intelligence, et, grâce à elle, le plus débile des animaux soumit à son empire toutes les forces de la création.

« C'est, en outre, le seul être qui laisse ici-bas une trace de son passage, et cette trace est immatérielle comme son âme, comme tout ce qui est immortel. Son corps rend à l'atmosphère tous les éléments qu'il lui avait pris : l'oxygène, l'hydrogène, le carbone et l'azote, sans rien y ajouter; car la nature physique n'amène aucun progrès, elle est une perpétuelle transformation de ces éléments tour à tour absorbés par les êtres organiques et restitués par la décomposition de leurs débris. Quelques mois après leur mort, les plus illustres poëtes, les plus grands philosophes sont *gazéifiés* comme l'est tout animal ou toute plante qui a péri... mais leur pensée survit et forme l'éternel patrimoine de l'humanité. Elle éclaire et féconde les siècles à venir : les découvertes font naître les découvertes, les réformes appellent les réformes, et chaque génération pose une assise de ce magnifique édifice du Progrès; — nouvelle Tour de Babel qui s'élève sans cesse vers le ciel, et qui, loin de subir le sort de celle que la confusion des langues força de laisser inachevée, atteindra victorieusement son faîte, grâce à la fusion des âmes.

— Je ne sais si je me trompe, dis-je à Mélino, mais il m'a semblé résulter de vos explications que vous croyez à la génération spontanée.

— J'y crois en effet.

— Cette question passionne beaucoup les Terriens, et, à l'heure qu'il est, tous mes coplanétaires ont l'œil juché sur le microscope pour résoudre le mystérieux problème.

— Bah!

— Que voulez-vous? A défaut de grands hommes qui s'emparent de l'attention publique, on s'occupe d'animalcules microscopiques. Chaque siècle admire ce qu'il peut. Malheureusement, la controverse sur cette question est trop ardente, on se dispute beaucoup plus qu'on ne discute, et tout ce qu'il y a jusqu'à présent d'acquis au débat, c'est qu'il est de nature à faire naître, en quantité, des injures spontanées dans les esprits éminemment fermentescibles de messieurs les savants. Ainsi, par exemple, ceux qui n'admettent pas les générations spontanées traitent leurs adversaires de matérialistes, d'impies et d'athées.

— Et pourquoi donc, s'il vous plaît? s'écria Mélino. Pourquoi supposer obstinément que Dieu a créé, à l'origine du monde, les germes de toutes choses, et qu'il s'est reposé ensuite, comme s'il pouvait être atteint de fatigue et avoir besoin de repos après six jours de travail? Mais, dire cela, c'est presque un blasphème : c'est faire Dieu à l'image de l'employé! Et encore l'employé reprend-il sa tâche, — avec plus ou moins d'empressement et de bonne grâce, — mais enfin il la reprend. Qu'importe d'ailleurs à la croyance en Dieu qu'il ait créé tous les germes au commencement du monde, ou bien, qu'au moment où je parle, il en crée encore dans une matière en fermentation? En l'un comme en l'autre cas, je reconnais sa céleste intervention, et je la trouve même plus grande et plus admirable dans un miracle qui se reproduit à chaque minute, que dans un miracle unique qu'il se serait hâté d'accomplir à l'origine des temps, comme s'il avait dû abdiquer ensuite.

« J'ai grand peine aussi à concilier cette création primordiale et universelle avec les phénomènes que nous révèle la science. Elle nous montre, en effet, dans chaque couche terrestre, des faunes et des flores absolument diverses. Or, comment supposer que les germes éclos aux époques les plus récentes aient pu résister à tous les cataclysmes et attendre depuis la formation des mondes? Ou ils étaient vivants, et alors, obligés de se nourrir, ils eussent bientôt absorbé l'intérieur des œufs ou des graines qui les recélaient, ou c'était une matière inerte qui n'attendait pour s'animer que la chaleur et l'humidité convenables, et, dans ce cas, le fait de leur éclosion n'est autre que celui de la génération spontanée; car on peut la définir : — la matière s'animant dans de certaines conditions.

« Et ce n'est pas seulement au sujet de l'éclosion des germes que se révèle la puissance créatrice, nous en avons la constante manifestation dans tous les phénomènes de la nature. N'est-ce point, par exemple, en vertu d'une sollicitude divine toujours en éveil, que le germe déposé dans le sol se nourrit, se développe, choisit les sucs qui lui conviennent, les élabore, allonge sa tige, — toujours du côté de l'air et de la lumière dans quelque position qu'il soit placé, — puis devient un végétal qui se ramifie, se couvre de feuilles d'une merveilleuse texture, et de fleurs embaumées, abritant le mystère de leurs amours au sein de corolles nuancées de couleurs tendres, comme les rideaux d'un lit nuptial?

« Mais, ajouta Mélino, laissons ces questions communes à nos deux planètes qui, dans l'ordre physique, présentent tant de ressemblances.

« Dans l'ordre moral, la différence que vous avez signalée en faveur de la nôtre ne me paraît pas moins naturelle. Vénus, en effet, étant plus petite que la Terre, et ayant encore une plus vaste étendue de mers, comme notre atmosphère très-nébuleuse a dû vous le faire soupçonner, s'est refroidie plus tôt, et le genre humain y a pris date depuis plus longtemps que chez vous.

« Dès lors, rien d'étonnant à ce qu'il ait accompli plus de progrès. »

VI

ABRÉGÉ DE L'HISTOIRE VÉNUSIENNE.

Le lendemain, Mélino me pria de lui donner un aperçu rapide de notre histoire politique et sociale, ce que je fis d'autant plus volontiers que mon récit me donnait le droit de lui demander pareille satisfaction à ma curiosité.

Aussi ne manquai-je pas de l'interroger, et il mit à me répondre le plus affable empressement.

— La communauté d'origine de nos deux planètes, dit-il, et la ressemblance qui existe dans leur constitution physique et leurs révolutions astronomiques, ont marqué aussi leur effet dans nos besoins et nos passions, de sorte que notre histoire offre avec la vôtre beaucoup d'analogie, surtout dans ses premières périodes.

« Les nombreuses espèces d'animaux qui précédèrent la race humaine sur notre globe, y vivaient isolées, tranquilles et heureuses au milieu de la plantureuse végétation qui le couvrait. L'homme parut, et le désordre commença. Les bouleversements physiques avaient cessé, ce fut le tour des bouleversements moraux, politiques, religieux, etc. Comme il est, de tous les animaux, le plus vaniteux, le plus ambitieux, le plus haineux, le plus vindicatif et je dirai même le plus féroce (car il est le seul qui se soit fait un spectacle agréable d'une lutte sanglante ou d'un supplice), les dissensions, les querelles et les meurtres se montrèrent dans l'histoire des premières familles. Puis, à mesure que se développa le genre humain, ces instincts se donnèrent plus de carrière.

« Chose curieuse! ces mêmes hommes, si jaloux d'asservir leurs voisins, se laissèrent asservir eux-mêmes, de la meilleure grâce du monde, par des souverains qui s'imposaient à eux et s'en faisaient obéir dans leurs caprices les plus arbitraires et les plus vexatoires.

« Chacun de ces despotes considérant la nation qu'il gouvernait comme étant son propre domaine et animé du désir, naturel à tout propriétaire, d'en agrandir le territoire, soufflait dans l'esprit de ses sujets des sentiments de haine et de colère contre les peuples voisins, les faisait combattre avec eux, et, s'ils triomphaient, s'attribuait le mérite de la victoire, en quoi il était merveilleusement servi par l'admiration complice et souvent vénale des poëtes et des historiens. Quant à ses sujets, ceux qu'avait épargnés la lutte retournaient dans leurs foyers où ils ne se trouvaient guère plus heureux qu'auparavant, et où ils attendaient docilement que leur maître les appelât à de nouvelles conquêtes.

« Les proclamations qu'en ces appels, le roi adressait à son armée étaient, du reste, presque toujours les mêmes, dans tous les temps et pour toutes les circonstances. Il affirmait à ses soldats qu'ils étaient invincibles, que leur cause était juste, et que le Dieu des armées combattait avec eux. Rien de mieux assurément; mais, comme, au même moment et pour la même guerre, on en disait autant dans le camp opposé, il était malaisé de concilier les deux proclamations, et le rôle du Dieu des armées devenait fort embarrassant.

« Cet état de guerre se prolongea pendant plusieurs siècles. Sans doute, bien des batailles étaient suivies d'un traité de paix qui devait ramener la concorde. Mais un traité de paix est un contrat auquel on ne prétend être lié que jusqu'au jour où l'on se sent assez fort pour le violer, soit en vue d'obtenir de nouveaux avantages si l'on a été vainqueur, soit, dans le cas contraire, pour prendre sa revanche. Aussi, combien de traités de paix soi-disant définitifs, n'ont-ils pas été entassés dans les catacombes diplomatiques de nations rivales, sans avoir empêché l'esprit de guerre de couver à l'état latent pour faire explosion au moindre prétexte! Arc-en-ciel de concorde et d'alliance, un traité de paix ne dure hélas! que ce que durent les arcs-en-ciel.

« Triste et funeste chose que cette jalouse convoitise des nations et cette perpétuelle défiance qui compriment leur essor, et les ruinent en armements excessifs! Que diriez-vous de voisins de campagne qui, au lieu de faire prospérer honnêtement leur fortune, la dépenseraient à acheter des armes, à élever des murailles, creuser des fossés et entretenir de nombreux domestiques, pour faire, à l'occasion, un coup de main sur la propriété limitrophe, ou parer à l'éventualité d'une attaque?

« Et pourtant, cette ardeur de conquêtes, dont les

souverains ambitieux enflammaient leurs peuples, sans souci du sang répandu et de l'or dépensé, n'a jamais produit de résultats durables. La force des choses, contre laquelle s'épuisent en vain le génie d'un homme et le courage d'une nation, amène fatalement le démembrement des grands empires. Les mœurs des différents peuples qu'on a voulu confondre étant hétérogènes, et ceux d'entre eux qui sont placés aux extrémités de ces vastes corps de royaumes se trouvant trop éloignés du centre pour en recevoir la vivifiante influence, tôt ou tard les diverses nationalités se recomposent, comme ces liquides de densités diverses qu'on peut mêler un instant en agitant le flacon qui les contient, mais qu'on voit bientôt se séparer, et reprendre chacun leur place et leur couleur respectives.

« Vous avez pu voir l'exemple de ces vicissitudes inévitables dans l'histoire de l'empire d'Alexandre et de l'empire romain que vous m'avez racontée. La destinée du grand homme qui avait conquis presque toute votre Europe le démontre encore. Il y a sur son tombeau deux glorieux insignes : une épée et un livre ; ce que gagna l'épée est perdu, quant au livre, toutes les nations, m'avez-vous dit, l'adoptent successivement pour être régies par lui ; d'où il résulte que c'est le livre qui a fait et qui fait encore les conquêtes les plus vastes, les plus durables, et cela sans qu'il en coûte une goutte de sang !

« L'invasion pacifique des idées : voilà la vraie conquête, les paroles et les écrits : voilà les véritables armes de l'humanité. Nous l'avons enfin compris après une longue et déplorable série de luttes sanglantes. Toute notre planète ne forme, en quelque sorte, qu'une seule nation, n'ayant qu'une seule religion, une seule législation, un seul système de mesures et de monnaies, et ne parlant qu'une seule langue. Seulement, il n'y a pas de gouvernement centralisateur : le territoire est divisé en un grand nombre de provinces qui, se gouvernant elles-mêmes, empêchent ainsi la vie intellectuelle et politique de se retirer de leur sein. Si quelque trouble se manifeste dans leurs relations respectives, l'affaire est portée devant un conseil suprême composé des élus de chaque province, et le différent est réglé avec autant de facilité que le serait en France un conflit entre deux départements.

« A côté des guerres extérieures que suscitaient les rivalités nationales, la politique et la religion ont causé bien des luttes intestines. Pendant de nombreuses années, au lieu de se soumettre à la volonté de la nation, exprimée par le suffrage de tous, les souverains, invoquant je ne sais quel droit divin de leur invention, ont fait verser le sang de leurs sujets lorsqu'ils résistaient à des décrets oppressifs et arbitraires, et les prêtres, attisant le fanatisme, ont fait naître de cruelles dissensions.

« Ce qui, dans tous les pays, a le plus nui à la religion, c'est l'âpre tendance à l'exploiter qu'ont eue longtemps ceux qui se disaient ses ministres. Dès les premiers âges, l'homme, contemplant les merveilles de l'univers et de son propre organisme, a senti le besoin de rendre à la divinité un légitime hommage d'admiration, de reconnaissance et d'amour. Malheureusement, quelques uns s'attachèrent à faire de ce beau sentiment un levier à leur ambition, et, dans ce but, ils en détournèrent l'expansion sur de vaines idoles et de puériles superstitions.

« L'ignorance, mère de la crédulité, seconda merveilleusement leurs desseins, et donna un vaste champ à leur pouvoir. — Si, quelquefois, vous avez voyagé par une nuit sans lune, vous avez dû voir quelles apparences fantastiques prennent les objets et combien d'illusions se jouent de l'imagination fascinée par la mystérieuse influence du calme et de l'obscurité : le chêne dépouillé paraît un noir géant levant les bras au ciel, le brouillard qui rampe sur le flanc d'un rocher ou d'une muraille en ruine, semble un blanc fantôme traînant après lui les longs plis de son linceul, le nuage noir qui s'allonge sous le sombre azur du ciel prend l'aspect d'un énorme dragon, l'écho de vos pas, le bruit du feuillage, vous inquiètent et vous effraient... mais que le ciel blanchisse à l'Orient, qu'un rayon de soleil parte de l'horizon, et toute cette fantasmagorie disparaîtra comme les chimères d'un vain songe. Ainsi, tous ces fantômes vénérés, toutes ces superstitions redoutables, qu'engendraient les ténèbres de l'esprit humain, s'évanouirent à la pure lumière de la science et de la raison.

« Mais, ce jour fut lent à venir. Ceux qui le redoutaient s'attachèrent à maintenir les populations dans l'ignorance, et le meilleur moyen qu'ils pussent employer dans ce but, était sans contredit de se charger eux-mêmes de les instruire. Aussi, s'emparèrent-ils de l'éducation, et affermirent-ils, de cette façon, leur puissance pendant bien des siècles. Propager les erreurs profitables à leur cause, et mettre les vérités sous le boisseau, tel était le programme de ces excellents ministres de l'ignorance publique.

« Pourtant, un beau jour, il arriva qu'ayant atteint un certain degré de force et de développement, les vérités captives renversèrent le boisseau et s'échappèrent de par le monde comme une blanche volée de colombes. Jugez du dépit et de la fureur de leurs geôliers ! Ils organisèrent sur le champ contre elles une chasse sans merci ; mais, comme les vérités étaient invulnérables, ils s'en prirent à ceux qui eurent l'audace de les montrer aux hommes, et Dieu sait le nombre des malheureux qui furent, par eux, jetés dans les cachots, torturés, brûlés, crucifiés. Cruautés inutiles ! car les bourreaux qui les exerçaient si impitoyablement sur les corps ne pouvaient atteindre la pensée dont le rayonnement s'augmentait sans cesse : chaque bûcher brûlait un homme, mais il éclairait le monde, et servait à la victime de glorieux piédestal au culte de la postérité. Cruautés sans excuse ! puisque Celui qu'ils proclamaient leur Maître avait enseigné la tolérance, la mansuétude et la fraternité. Il s'était élevé contre le polythéisme, le culte extérieur, le luxe des habits sacerdotaux, et, dans des temples, peuplés de statues, ses prêtres, revêtus de longs vêtements tissés d'or, trônaient, sous un dais de pourpre, au milieu d'un nuage d'encens ; il avait prêché le renoncement aux choses temporelles, et il se forma de ténébreuses confréries qui, aimant par trop le *bien* du prochain, se livrèrent à des captations sans nombre, et ne firent vœu de pauvreté que pour empêcher, par tous les moyens, qu'il ne vînt à s'accomplir; enfin, il avait exalté les faibles et combattu les ambitieux, et ceux qui prétendaient le représenter enseignèrent que, si les rois pouvaient gouverner leurs peuples, ils devaient, eux, gouverner les rois, but suprême qu'ils atteignirent en effet.

« Au bout de quelque temps, leur domination s'évanouit, les rois secouèrent le joug théocratique, puis, les peuples en firent autant à l'égard des rois, ou, du moins, à l'égard des rois absolus.

« Mais la masse du peuple, qui marquait ainsi son avènement au pouvoir, contenant plusieurs classes, la classe noble et riche s'empara d'abord du gouvernement, et se divisa elle-même en groupes rivaux qui, tour à tour, se disputaient le gouvernail de l'État. Cette soif du pouvoir était le vrai mobile de toutes leurs discussions, ou plutôt de toutes leurs plaidoiries politiques, car les gens qui péroraient avec le plus d'énergie n'avaient au fond que des convictions d'avocat, et désiraient triompher de leurs adversaires beaucoup moins pour une substitution de théories gouvernementales que pour une substitution de personnes. Les rôles étaient intervertis, mais la comédie restait la même.

« Nous demeurâmes un grand nombre d'années dans cette agitation stérile. Quel que fût le parti qui triomphât, le gros de la bourgeoisie se rangeait invariablement dans l'opposition. Rien n'était plus curieux que la versatilité de ses aversions et de ses enthousiasmes : avide de gloire militaire en temps de paix, impatient d'avoir la paix pendant la guerre, faisant des révolutions pour conquérir un supplément de liberté, se jetant dans les bras du despotisme pour se sauver des révolutions, désireux de tout, satisfait de rien, le bourgeois vénusien ressemblait au malade que la fièvre agite, et qui veut toujours changer de position et de traitement.

« Cependant, comme le grondement lointain d'une marée montante, s'annonçait le profond et menaçant murmure du flot populaire. Il avait souvent renversé les digues de la tyrannie au bénéfice de tel ou tel parti, se retirant au large une fois l'œuvre accomplie. A la fin, il voulut des satisfactions plus solides que les splendides éloges que ceux dont il avait décidé le triomphe lui prodiguaient avec une libéralité peu coûteuse, et dont il s'était contenté jusqu'alors : il réclama sa part de bien-être, sa part de pouvoir, sa part d'instruction.

« Par malheur, la bourgeoisie ayant longtemps affecté un orgueilleux mépris pour les professions d'ouvrier et de cultivateur, qu'elle appelait des *métiers*, tandis qu'elle se glorifiait de sa fortune et de ses occupations qu'elle décorait du nom de *professions libérales*, il arriva que les classes qualifiées par elle de *classes inférieures*, vouées à une position *modeste* et à d'*humbles* travaux, ne se résignèrent plus à ces travaux si dédaignés. Après avoir acquis autant d'instruction que la bourgeoisie, chacun voulut être haut fonctionnaire, avocat, artiste ou littérateur; la charrue et l'atelier manquèrent de bras, et les grandes villes s'encombrèrent de génies incompris, jaloux et turbulents.

— Vous blâmez-donc, lui dis-je, l'instruction donnée au peuple?

— Non, assurément, répliqua Mélino, mais la demi-instruction qui ne développe que les aspirations de la vanité. Une éducation plus complète, aidée par l'évolution des idées, a fait comprendre à tout le monde combien il était sot et imprudent de taxer d'infériorité telle ou telle classe de la société, telle ou telle profession. On eut enfin une égale et vraie considération pour tout travailleur pourvu qu'il fût honnête et bon. Ce qui fit que, l'envie n'ayant plus d'aliment, personne ne désira désormais sortir de sa sphère.

« Quant aux prêtres, ils revinrent à la doctrine de

leur Maître qu'ils avaient si longtemps méconnue, surtout dans les rangs supérieurs de leur hiérarchie. Ils l'enseignèrent, et, mieux vaut, la pratiquèrent. Une véritable charité fraternelle échauffa leur cœur et dirigea leurs actions; ils employèrent la douce influence de la persuasion, et non la rigueur des persécutions, pour conquérir des prosélytes; loin de faire survivre leurs rancunes au delà du tombeau et de refuser aux dissidents les prières suprêmes, ils les leur donnèrent encore plus libéralement qu'aux autres, par le motif bien simple qu'ils devaient en avoir un plus grand besoin; enfin, ils ne répétèrent point cette horrible parole des guerres religieuses : — « Frappez toujours : Dieu reconnaîtra les siens. » Ils dirent au contraire : — « Ne frappez personne : Dieu saura bien distinguer ceux qui ne sont pas à lui. » Ils ne se laissèrent plus aller en chaire à de subtiles discussions théologiques dans lesquelles ils triomphaient aisément d'un contradicteur absent, et encore moins à des emportements injurieux qui ne prouvent absolument rien qu'un caractère irascible chez celui qui s'y livre et un esprit à bout de raisons; ils enseignèrent la doctrine des généreux sentiments, la haine de l'intrigue, le dédain des biens matériels, les devoirs de famille et de citoyen, la douceur et la charité, et pour résumer en un mot leur doctrine vraiment divine : l'amour des uns envers les autres.

« Grâce à cette heureuse résipiscence, l'Église, retrouvant l'ascendant et la force expansive de ses premiers âges, aida, avec beaucoup de puissance, à l'avénement de cette fraternité sincère qui nous unit tous, et nous promet un long avenir de paix et de bonheur.

« Mais, je le répète, cette régénération à laquelle nous avons si longtemps aspiré, nous la devons à la diffusion des idées, à la sainte progande de la fraternité, bien plus qu'à ces guerres extérieures ou civiles qui nous ont coûté tant de sang, et auxquelles j'ai vu avec peine que vous n'aviez point encore renoncé sur la terre. Croyez-le bien, mon cher hôte, c'est au progrès des idées et non à la force, qu'il appartient de préparer le règne de l'égalité des citoyens et l'union des peuples. Voulez-vous, à ce sujet, me permettre une comparaison qui rende ma pensée? Placez dans un vaste mortier de pierre des fragments de métaux de diverse nature, de diverses dimensions, et, par leurs positions respectives dans cet amas, les uns dominant les autres. Pour en opérer le mélange intime et y établir le niveau en les broyant ensemble, il faudra bien des efforts et bien des chocs violents qui pourront endommager le mortier lui-même. Et pourtant, de cette trituration pénible, de ces déchirements laborieux, il ne résultera qu'un détritus sans nom, sans cohésion et sans homogénéité. Au lieu de recourir à ce procédé de la force et de la violence, posez tout simplement le mortier sur un foyer. Peu à peu, la masse s'échauffera, les parties inférieures entreront en fusion, et le métal liquéfié montant, montant toujours, absorbera les sommets les plus ardus, les aspérités les plus tranchantes; les scories impures se dégageront, et tous ces métaux, naguère disparates, formeront un alliage brillant, compacte et d'un niveau parfait. Ainsi doit s'opérer toute rénovation sociale : c'est par les couches inférieures qu'il faut commencer, c'est en faisant rayonner au sein des masses l'ardent foyer des grands principes et des grands sentiments de justice et de fraternelle solidarité, qu'on arrivera à dissoudre les institutions tyranniques ou aristocratiques les plus solides en apparence; et alors, formée de cette fusion générale des éléments de la vieille société, la nouvelle se montrera pure et resplendissante comme la lumière du ciel qu'elle reflètera dans son sein.

VII

LUNES ARTIFICIELLES. — UN COUP-D'ŒIL AU TÉLESCOPE.
COURS PUBLICS. — DÉCORATIONS. — NOBLESSE.

Cette conversation nous ayant conduits jusqu'à l'heure du dîner, nous nous mîmes à table, et Mélino m'annonça que nous ne dînerions plus seuls bien souvent, attendu que sa fille devait prochainement revenir d'un voyage qu'elle avait fait auprès d'une de ses amies.

Après le repas, nous allâmes, suivant notre habitude, nous promener dans Vénusia. Ces promenades nocturnes m'étaient fort agréables, car, durant le jour, la grande lumière du soleil fatiguait mes yeux. Ce n'est pas que l'éclairage de Vénusia ne fût lui-même très-éclatant ; et ses habitants eussent trouvé bien terne celui de nos villes, déjà insuffisant pour des yeux terrestres.

Ce qui me frappa le plus, ce furent cinq globes lumineux brillant sur nos têtes et répandant une clarté à peu près pareille à celle de la Lune. Je crus d'abord à des satellites de Vénus, mais la nature ayant été moins libérale envers cette planète qu'à l'égard de Jupiter et même de la Terre, l'industrie des Vénusiens y a suppléé. Des ballons captifs supportent ces lunes artificielles composées d'un énorme hémisphère en cristal, au-dessus duquel flamboient des appareils électriques et des lampes de magnésium, dont les rayons sont multipliés et rabattus sur le cristal par de puissants réflecteurs. A l'entour, règne une étroite galerie qui permet à un homme de faire fonctionner l'appareil.

Malgré cette clarté quasi-sidérale, les candélabres des rues sont très-nombreux. Ils s'allument instantanément dans toute la ville, au moyen d'un fil électrique qui les relie ensemble. La lumière qu'ils répandent est très-douce, car un globe de verre dépoli préserve les yeux de ces rayons chimiques qu'envoie toujours une flamme. On n'est surtout pas offusqué par le rayonnement ophtalmique de ces grands miroirs concaves, avec des becs de gaz au foyer, soleils de réclame que l'industrie place au devant des maisons, et dont l'éclat vous avertit, en vous crevant les yeux, qu'il y a là un café ou un magasin de confection.

En traversant une place, nous avisâmes un télescope braqué sur les étoiles, et attendant l'œil d'un observateur. Beaucoup de gens se tenaient auprès, mais ils ne regardaient que l'énorme lunette, et c'est en vain que l'astronome en plein vent épuisait ses poumons à s'écrier : — « Qui veut voir la Terre? Elle est particulièrement visible à ce moment de l'année. L'observation est curieuse ! »

Il fut plus heureux avec moi.

Notre planète, qui me parut environ vingt fois plus grosse que nous ne voyons la Lune, présentait, comme forme, l'aspect de cet astre lorsqu'il nous montre les trois quarts de son disque. Seulement, au lieu de se découper brusquement dans une obscurité profonde, l'échancrure s'effaçait dans une dégradation de lumière rougeâtre produite par la réfraction crépusculaire. Les deux pôles avaient chacun une calotte d'une blancheur éclatante. Au-dessous du supérieur, s'étendait une large tache brillante, parsemée çà et là de lignes d'ombre, et descendant vers la droite de l'astre en forme de triangle. C'étaient l'Europe, l'Asie et l'Afrique, avec leurs chaînes de montagnes. L'hémisphère inférieur presque entièrement rempli par le Grand Océan, était beaucoup moins éclairé.

Après avoir affectueusement contemplé ma planète d'origine, je laissai le télescope, car aucune observation vraiment nouvelle ne pouvait me tenter. Les autres étoiles étaient absolument les mêmes que celles qui brillent sur la Terre, et je retrouvais, à leurs places accoutumées, toutes nos constellations : les deux Ourses, les Pléiades, les Gémeaux brillant fraternellement du même éclat, le Taureau à l'œil étincelant, le bel Orion avec les trois diamants de sa ceinture, etc. — O vanité ! je croyais avoir fait un voyage bien extraordinairement long, et l'aspect général de la voûte céleste n'avait pas plus changé pour moi que si j'eusse fait une promenade à une lieue de Speinheim !

Tout près de la place où nous nous trouvions, j'aperçus un monument d'architecture sévère, à la porte duquel se pressait une foule de gens. Mélino me dit que c'était un cours public de littérature, fait avec infiniment de talent, et il m'engagea à m'y rendre.

Nous entrâmes. L'amphithéâtre était rempli de personnes de tout âge, et surtout de jeunes gens qui me parurent avoir l'esprit moins tapageur que ceux de notre ville, attendu qu'ils ne croyaient pas devoir charmer l'ennui de l'attente par des interpellations saugrenues, des applaudissements, des sifflets, des cris d'animaux, et autres plaisanteries plus ou moins spirituelles, et probablement fort amusantes — pour ceux qui les font.

Le professeur parut, et soudain le calme se fit. Il sut captiver pendant plus de deux heures cet auditoire étourdi, vif et bruyant comme un essaim d'oiseaux. C'est qu'en effet, au lieu de présenter un aride commentaire des vieux auteurs et de faire étalage d'érudition, il tenait en éveil l'attention des assistants par d'intéressantes digressions philosophiques et morales, par les traits d'esprit qui s'échappaient à chaque instant de ses lèvres, et les flots d'éloquence vraie qui jaillissaient de son cœur.

Cette parole puissante avait établi dans cet auditoire nombreux, et naguère si turbulent, je ne sais quel courant magnétique qui faisait battre les cœurs à l'unisson, et leur communiquait soudainement les mêmes émotions en les rendant plus profondes. L'orateur en ressentait aussi le prestige, et, de même que, dans chaque paroi de la salle, sa voix trouvait un écho qui la soutenait et l'amplifiait, sa pensée, répercutée dans l'âme de tous, puisait, en cette commune sympathie, de nouvelles forces et de nouvelles inspirations.

Ce fut ainsi que son éloquence nous tint sous le charme, et, le professeur disparu au milieu des applaudissements, nous nous sentîmes non seulement plus instruits, ce qui eût été peu important, mais aussi meilleurs, et le cœur réconforté de sentiments généreux et élevés.

Comme Mélino, tout chaud encore de son enthousiasme, exaltait beaucoup cette leçon du professeur vénusien, j'eus la satisfaction de lui dire que, si grand que fût le plaisir que j'en avais éprouvé, il n'était pas allé jusqu'à la surprise, en ayant, sur la Terre, entendu de pareilles.

— Seulement, ajoutai-je, fort peu de ces leçons se font le soir comme ici, et encore les plus importants de ces cours dits *publics*, ne sont-ils accessibles qu'à quelques privilégiés munis de cartes.

— C'est-à-dire, observa-t-il, qu'on en prive presque tous ceux que leurs travaux manuels occupent dans le jour, et qui auraient le plus besoin d'instruction.

Outre ces cours, de vastes bibliothèques s'ouvraient à Vénusia en grande quantité et non pas au nombre de quatre à cinq — comme dans certaines capitales de deux millions d'habitants, où l'on a encore grand soin de les fermer presque toutes le soir — sans doute pour ne pas faire concurrence à d'autres établissements publics tels que bals, estaminets, etc. — et, pendant les mois des vacances, alors qu'étrangers et provinciaux affluent dans les grandes villes, et seraient précisément bien aises de trouver dans leurs collections bibliographiques les renseignements dont ils manquent chez eux.

Nous entrâmes ensuite dans une magnifique galerie, deux fois haute et large et au moins cinq fois longue comme la galerie d'Orléans, à Paris. La richesse de son ornementation ne consistait pas seulement, comme en nos passages, dans un étalage de glaces rectangulaires ou de panneaux imitant le marbre, mais aussi dans l'exhibition de tableaux, de statues et autres objets d'art qui satisfaisaient le goût en même temps que les yeux.

Ce qui surtout me fit bien voir que je n'étais pas dans une galerie d'une ville d'Europe, ce fut cette absence complète de gens décorés qui avait déjà frappé mon attention. Pas le moindre insigne de passementerie ou de métal ne signalait une seule personne à l'admiration publique.

Je fis part de ma surprise à Mélino qui me répondit :

— Vous ne trouverez, en effet, aucune distinction honorifique sur le costume des Vénusiens. Mais il n'y a pas longtemps que vous eussiez fait une remarque tout opposée et que vous l'eussiez aperçue chez presque tout le monde. A certaines époques de l'année, à son commencement et vers son milieu, c'était comme une épidémie, une sorte de rougeole des habits noirs. Aujourd'hui l'institution est supprimée, et j'applaudis, pour mon compte, à sa disparition. A quoi bon poinçonner le mérite des gens ? L'opinion a-t-elle besoin du cachet officiel pour se prononcer ? Est-ce que les grands artistes et les grands poëtes dont vous m'avez parlé : Phidias, Michel-Ange, Raphaël, Corneille, Molière, n'ont pas toujours été universellement admirés, sans garantie du gouvernement ? D'un autre côté, on avait, comme je vous l'ai dit, prodigué cet insigne à tel point qu'il était, à la fin, devenu beaucoup moins une distinction pour ceux qui l'obtenaient qu'une humiliation pour ceux qui ne l'avaient pas. Aussi, excédé de sollicitations vaniteuses, le gouvernement a-t-il laissé l'impartiale opinion publique récompenser chacun suivant son mérite et ses actes.

— Et l'aristocratie du sang, lui demandai-je, existe-t-elle chez vous?

— En aucune façon. Il y a longtemps grâce à Dieu que la noblesse est effacée de nos mœurs et de nos lois. On a mis à la rayer plus d'empressement encore que pour la décoration, et l'on a eu grandement raison, selon moi: la décoration était au moins une distinction toute personnelle, et il se pouvait qu'elle fût quelquefois méritée; mais quelle considération de bon aloi espérer d'un titre jadis accordé au mérite d'un ancêtre? Cela prouvait-il qu'on eût hérité de ce mérite? Loin de là, car il arrivait fréquemment que les descendants du premier titulaire, étant dispensés d'acquérir une illustration qu'ils trouvaient toute faite, dissipaient, dans l'inertie et en vains plaisirs, un temps que les déshérités du sang employaient à travailler pour se faire un nom; de telle sorte qu'un brevet de noblesse n'était, le plus souvent, qu'un brevet d'ignorance et d'orgueil.

Vers une des extrémités de la galerie dans laquelle nous nous promenions, nous aperçûmes les affiches des théâtres. Ce n'était pas cet assemblage multicolore d'immenses carrés de papier, — avec d'immenses caractères annonçant d'immenses succès, — qui tapissent, chez nous, les colonnes hygiéniques et les clôtures des chantiers. Les affiches de Vénusia sont, au contraire, assez petites pour qu'on puisse en saisir l'ensemble, et les lire sans affronter un torticolis. Leurs modestes dimensions permettent, en outre, de les placer en bien plus d'endroits que dans nos villes.

La pancarte de la galerie vénusienne nous ayant annoncé qu'on donnerait le lendemain une première représentation dans un théâtre voisin de la maison de Mélino, le digne savant m'engagea à m'y rendre avec lui, et prit deux stalles au bureau.

— En location, comme cela se pratique à Speinheim? dit Muller.

— Avec cette différence, répondit Volfrang, que toutes les places des théâtres de Vénusia peuvent se louer d'avance et sans augmentation de prix. Le public a ainsi tout le temps qui lui convient pour se procurer des billets, et l'on évite cette interminable queue dont la ligne sombre *se recourbe en replis tortueux*, encombrant les abords du théâtre, tandis que le public qui la forme stationne impatiemment, se presse, se bouscule, se dispute, et achète bien cher le droit d'obtenir une place au bureau — quand il en reste.

VIII

LE SOLEIL A L'HORIZON. — CAUSERIE SUR LA LITTÉRATURE TERRESTRE.

Nous ne manquâmes pas, le lendemain, de prendre le chemin du théâtre. Le soleil, qui se couchait à ce moment, dorait le sommet des édifices et allumait aux fenêtres de larges flammes rouges. Son disque était considérablement agrandi.

Vous savez que ce phénomène, qui se produit aussi dans notre planète, est diversement expliqué.

Les uns prétendent que le soleil nous paraît plus gros à l'horizon parce que les objets, que nous savons grands, semblent petits à cette distance, et que la comparaison avec le soleil, qui se trouve près d'eux, nous fait juger cet astre agrandi. Explication défectueuse, car le phénomène ne se produit pas moins lorsqu'en arrondissant la main autour de l'œil, on isole l'astre de tout objet voisin.

D'autres soutiennent qu'on doit ce grossissement à la convexité de notre atmosphère qui fait l'office d'une lentille; mais comme l'atmosphère est tout aussi convexe au zénith qu'à l'horizon, on ne comprend pas pourquoi le soleil paraîtrait plus gros dans la seconde position que dans la première.

Je consultai Mélino à cet égard; il me dit que, considérée isolément, la convexité atmosphérique ne saurait, en effet, rendre compte de la différence observée, laquelle provenait, selon lui, de la distance qui nous sépare de cette convexité, distance qui est plus grande à l'horizon qu'au zénith, comme le dessin le plus simple peut le démontrer. Or, plus nous éloignons les yeux d'une lentille, plus nous voyons grossir l'objet placé derrière elle.

Cependant l'astre qui faisait le sujet de cette petite causerie cosmographique se déroba bientôt à nos observations, et la perspective de la représentation qui nous était promise entraîna notre esprit à des préoccupations littéraires.

— Vous êtes heureux, me dit Mélino, de pouvoir faire de votre littérature avec la nôtre une comparaison qui doit être assez piquante.

— Il est vrai, lui répondis-je, mais si ce rapprochement vous semblait de quelque intérêt, il me serait aisé de vous mettre à même de le faire aussi, en vous présentant un aperçu sommaire de l'état des lettres dans nos contrées les plus civilisées.

— Vous me ferez grand plaisir, car j'aime beaucoup la littérature, comme vous avez pu en juger par l'inspection de ma bibliothèque.

— Chez nous, lui dis-je, l'éclat des lettres et des arts est loin d'avoir uniformément grandi, il s'est manifesté par effusions soudaines et par splendides intermittences, qu'on a nommées les grands siècles littéraires. Toutefois, je suis loin de penser que l'avénement de ces temps privilégiés ait été un pur caprice du hasard. Je crois que la main de Dieu est également libérale pour tous les temps ; seulement les germes célestes qui produisent à certaines époques ces magnifiques floraisons du génie, tombent sur un sol aride ou fertile, au milieu d'un climat propice ou funeste. Le génie et le talent sont des fleurs délicates qui parviennent difficilement à s'épanouir : elles s'étiolent si on leur mesure l'air avec parcimonie, elles se brisent dans les tourmentes politiques, elles se flétrissent au souffle glacé de l'indifférence. Ce qu'il leur faut, c'est un air libre et calme, et les douces chaleurs de la sympathie publique.

« Il leur faut aussi un degré propice de civilisation : elle doit être assez avancée pour que le goût soit formé, — pas trop, de peur qu'il ne soit blasé sur les émotions purement littéraires.

« De même qu'au lever du soleil, le ciel se pare de ses couleurs les plus riantes, c'est à l'aurore des nations que nous avons vu briller les plus riches reflets de la poésie. A cet heureux moment, les peuples avaient cette fleur de naïveté qui leur permettait d'ajouter foi aux légendes de leurs poëtes, et qu'ils ont perdue sans retour lorsque la science, venant substituer les froides notions de la réalité aux rêves enchantés de l'imagination, les a conviés à des études d'un intérêt plus pratique.

— Que voulez-vous? observa Mélino, c'est ainsi que procède partout la nature. Enfant, l'homme croit aux contes de sa nourice, et, l'âge arrivant, ses idées se tournent vers le positif et l'utile. L'arbre se couvre de fleurs au printemps et de fruits à l'automne.

— Eh bien ! repliquai-je, nous en sommes à l'automne... je dirai presque à l'hiver. La poésie ne captive plus l'attention publique. Un poëte d'un de ces grands siècles dont je vous ai parlé, disait :

Un sonnet sans défaut vaut seul un long poëme.

« Aujourd'hui, un sonnet sans défaut est aussi sans lecteur, et encore plus un long poëme. Les prospectus financiers et les rapports de Conseils de surveillance ont bien plus de succès. Le printemps est passé : auteurs et public ont perdu la foi poétique. Il n'y a guère de poëtes, à vrai dire, mais des gens qui *font* de la poésie, qui versifient plutôt par fantaisie d'artiste que par inspiration, et sont des ciseleurs de phrases plutôt que des semeurs d'idées. Beaucoup ne se distinguent des prosateurs que par une sorte de jargon de convention, d'après lequel on dit : *l'onde* pour l'eau, les *lambris* pour le plafond, le *coursier* pour le cheval, la *lèvre* pour la bouche, *l'azur* pour le ciel etc. Ils divisent le tout en tranches de douze syllabes, rimant par le bout, publient cela en un joli volume sur papier satiné, laissent croître de long cheveux, et se croient de grands génies. Presque toujours, ils s'attachent à rendre la poésie matériellement riche et brillante en prodiguant les *saphirs*, les *diamants*, les *rayons d'or*, les *rayons d'argent*, et surtout les *étoiles* ; il y a cent ans, c'était le soleil qui était en honneur; cinquante ans plus tard, la lune se leva sur l'horizon poétique; en ce moment, la mode est aux étoiles; après quoi je crains bien que nos poëtes ne se voient forcés de renoncer au ciel — à moins d'en revenir au soleil.

« Quant au fond des idées que ce style recouvre, il est d'ordinaire éminemment sensuel et matérialiste. C'est là du reste le vice profond de toute notre littérature, la lèpre envahissante qui la ronge et qui la tue. En présence d'une civilisation énervée dans le matérialisme, la littérature qui représente le spiritualisme, aurait dû lutter contre lui avec énergie; elle a passé à l'ennemi, et dédaigne l'approbation des intelligences d'élite pour plaire au grand nombre et courir à la fortune. La spéculation, qui s'empare de tout sur notre globe, a mis la main sur elle et l'entraîne à sa perte. C'est à la spéculation qu'on doit ces longues pièces, dont les auteurs semblent avoir oublié que, surtout au théâtre, — tout est bien qui finit tôt; — c'est elle qui, s'adressant aux moins nobles instincts de la foule, produit tant de poésies voluptueuses, tant de romans lascifs et de mémoires scabreux, pimentés de provoquantes illustrations ; c'est pour exploiter le faux goût du grand nombre quelle dédaigne le simple — qui n'est autre chose que le beau — et quelle a recours au clinquant des antithèses et des grands mots, plus faciles à trouver que les grandes idées, à l'abus de la couleur et à la bizarrerie du style qui passe pour originalité.

« C'est encore la spéculation qui a perverti le théâtre au matérialisme : — matérialisme des sentiments qui fait rechercher, surtout dans les drames, les situations à émotions physiques, matérialisme de la représentation qui livre la scène aux trucs, aux décors et aux toilettes. Frapper le public de surprise et d'admiration par l'étalage de parures prétentieuses, soigneusement renouvelées à chaque acte, telle est la souveraine préoccupation de nos étoiles de théâtre. Quant aux actrices infimes — aux *nébuleuses* qui ne brillent que par groupes, — leur costume est si peu de chose, si peu, et ce peu est si diaphane, qu'elles semblent vraiment vêtues pour l'amour de Dieu, — et des hommes, — et que ce n'est pas la peine d'en parler. La plupart entrent en scène par pelotons de cinq, dix ou vingt, suivant les moyens de l'administration ; elles se rangent en ligne, et font les évolutions réglées par le metteur en scène, avec la précision et la grâce de gardes nationaux à l'exercice.

Nullement préoccupées de leur personnage et des situations de la pièce, elles semblent toujours chercher quelqu'un dans la salle. D'ordinaire, leur rôle est purement plastique, et si par hasard elles ont à dire quelques mots, elles les disent si mal qu'on peut croire que l'auteur ne les leur a confiés que pour mieux faire apprécier ensuite le charme de leur silence. Je suis pourtant loin de croire que ce soit mauvaise volonté de leur part, mais — la plus jolie fille du monde ne peut montrer que ce qu'elle a, — et j'ai la conviction que si elles avaient du talent, elles ne manqueraient point de le montrer complétement, comme le reste.

« Le théâtre ainsi compris devenant tout à fait une industrie, on y emploie d'habitude les procédés de l'industrie proprement dite, et la langue du négoce. On vend une œuvre au prix courant, avec ou sans prime; on se charge d'une commande de tant d'actes livrables à telle époque, pour telle circonstance, pour la rentrée d'un célèbre artiste, par exemple. Dans ces conditions, l'auteur s'engage à tailler le rôle principal exactement à la mesure du comédien, et si, pour ce travail, il manque de temps ou d'habileté, on met la pièce en plusieurs mains : celui-ci trace le dessin général et découpe les scènes, celui-là couvre le canevas des broderies de son style, un troisième rajuste tous ces morceaux littéraires, promène partout le fil de l'intrigue, et le dernier point mis, il livre l'ouvrage, sauf à y faire quelques coupures, si, après l'avoir essayé aux répétitions, l'artiste pour lequel on a travaillé en manifeste le désir.

« La pièce représentée, le public court y voir la célébrité en question, et vous entendez dire dans la ville : — « Etes-vous allé voir X... dans la pièce nouvelle ? — Non. — Eh bien, je vous engage à n'y pas manquer : la pièce est mauvaise, mais X... y est très-bien. » L'auteur n'en veut du reste pas davantage, la pièce *fera de l'argent*, et c'est l'essentiel. Il sait parfaitement qu'il n'a pas travaillé pour la postérité, car le premier inconvénient, ou pour mieux dire, le premier avantage de ces sortes d'ouvrages, c'est de ne pas survivre à l'artiste pour lequel on les a confectionnés.

« Grâce à cette soif de succès lucratifs et à cette funeste préoccupation qu'ont la plupart des auteurs de faire rendre à leur imagination la plus grande somme de bénéfices possible, nous voyons naître une profusion d'œuvres hâtives et destinées à durer aussi peu de temps qu'elles en ont coûté. Notre époque est pourtant fertile en remarquables talents, mais nous comptons fort peu de génies : nous avons leur monnaie ; et s'il n'y a plus au firmament littéraire ces astres éblouissants qui, dans les grands siècles, inondaient le monde de leur vive et féconde lumière, nous y contemplons un vaste épanouissement d'étoiles scintillant d'un éclat plus modeste et sans trop s'éclipser entre elles. En aucun temps, la librairie et le théâtre ne produisirent plus d'ouvrages et moins de chefs-d'œuvre. Chacun cherche à réussir, à la fois, dans les genres les plus différents : ceux qui sont nés poëtes deviennent aussi orateurs et prennent tour à tour la plume du romancier, de l'historien, du polémiste ou de l'auteur dramatique. Et, comme pour toutes ces compositions si rapides, si diverses, l'inspiration, fille du travail et de la patience, ne vient pas toujours assez vite, on sait se passer d'elle par l'habileté du métier.

— Je ne veux pas trop blâmer, dit Mélino, la propension qui fait écouter aux écrivains et aux directeurs de théâtre les suggestions de leur intérêt personnel. C'est à l'État qu'il appartient de veiller à ce que cet intérêt se confonde avec celui des lettres et du goût public, et votre gouvernement ne pourrait-il pas, par exemple, subventionner quelques théâtres pour favoriser la saine littérature et les débuts des auteurs inconnus ?

— Il le fait, mon cher hôte, lui répliquai-je. Nous avons deux théâtres qui sont censés exercer cette mission, l'un pour la littérature, l'autre pour la musique.

— Deux théâtres, c'est bien peu.

— Assurément; car ils sont loin de suffire à leur tâche, et, à voir ce qu'ils font pour les débutants, il est à croire qu'un peu plus de protection ne serait pas inutile à ceux-ci. On devait espérer que, conformément à leur institution, les théâtres dont je parle seraient entièrement consacrés aux essais des auteurs inconnus. Sans doute, ces essais, trahissant inévitablement un peu d'inexpérience, ne pouvaient faire d'abondantes recettes, mais la subvention y aurait suppléé, car elle n'est pas donnée pour autre chose. Il n'en est rien pourtant : l'ouvrage qui tient le haut de l'affiche est presque toujours signé d'un nom déjà célèbre, et la pièce qui l'accompagne habituellement choisie dans l'ancien répertoire.

« Oh ! l'ancien répertoire ! on le joue à satiété, à outrance; et comme, après tout, il n'a produit qu'une vingtaine de pièces hors ligne, on s'évertue à fouiller dans ses poudreuses catacombes afin d'en retirer quelque œuvre fossile parfaitement oubliée. C'est ainsi que, livrés à leur ardeur résurrectioniste, nos théâtres subventionnés

Pour honorer les morts font mourir les vivants.

« Heureux les morts! s'ils pouvaient hélas! connaître leur bonheur. Le tort qu'on pardonne le moins à un auteur, c'est d'être vivant. Tant qu'il respire, on l'accable de critiques, on le décourage à force d'entraves, on le laisse en proie à la détresse, et chacun lui dit avec raison :

Soyez plutôt maçon, c'est un meilleur métier.

« Mais sitôt qu'il n'est plus, tout change comme par miracle : on le comble d'éloges dès qu'il ne peut plus les lire ni les entendre, on proclame son *génie*, les panégyriques s'épanchent sur son cercueil avec l'abondance d'un torrent longtemps contenu, et un tombeau splendide loge le pauvre diable qui s'est éteint dans une mansarde. On publie, on représente ses œuvres, et le public s'empresse de les acheter et de les applaudir, car il partage toute l'ardeur de ces enthousiasmes posthumes. Autant, pour montrer son sens critique, il s'attache à trouver des défauts aux œuvres d'un contemporain, autant, en revanche, il s'évertue à découvrir des merveilles dans celles de l'écrivain qui n'est plus, et souvent alors la prévention lui fait applaudir des beautés problématiques, comme elle lui avait fait blâmer des défauts imaginaires.

« Ce fanatisme du passé et ce dédain du présent sont d'autant plus injustes et cruels qu'un ouvrage ne gagne rien à vieillir, et qu'il a toute sa valeur au moment même où il sort des mains de son auteur S'inspirant des préoccupations du moment, il est l'écho des cœurs honnêtes et des esprits droits en présence des vices et des ridicules contemporains; plus tard, ces vices et ces ridicules disparaissent, ou plutôt se métamorphosent, et la pièce éventée n'a qu'un intérêt rétrospectif et qu'un pâle succès. Elle est comme la fleur qui puise sa substance dans le sol et dans l'atmosphère qui l'entourent: dès qu'elle n'a plus rien à leur demander et que sa corolle a tout son éclat et tout son parfum, elle languit, se fane, et ne peut plus être conservée que dans ces funèbres albums de fleurs desséchées — anciens répertoires des jardins, — qu'on appelle des herbiers.

— Nous partageons ici cette impression, fit Mélino; un patronage plus sérieux entoure et guide nos débutants littéraires. Plusieurs scènes leur sont ouvertes, et, pour suivre votre comparaison, j'ajouterai que nous avons grand soin de ne pas laisser envahir ces terrains consacrés aux jeunes pousses par les pavots du vieux répertoire. Car nous avons aussi le nôtre, mais au lieu de le rabaisser à en faire un remplissage d'affiche, nous avons pour lui un théâtre spécial comme nous avons un musée pour les antiquités. Toutefois, le culte du passé ne nous fait pas négliger le souci du présent, qui est en même temps celui de l'avenir : nous entourons de notre sollicitude la plus vigilante la littérature contemporaine, et tous nos efforts tendent à préserver le goût public des œuvres qui s'adressent aux sens, persuadés que nous sommes qu'elles le dépravent profondément, de même que l'abus des épices et des liqueurs fortes émousse la délicatesse du palais. Les émotions physiques ont cela de malheureux qu'elles en appellent toujours de plus vives. Vous en avez vu un lamentable exemple dans cette histoire de l'empire romain que vous m'avez contée : aux poésies libertines succédèrent les satires obcènes, puis ces lectures ardentes ne suffirent plus, on voulut des réalités, et l'on délaissa les bibliothèques et les théâtres pour les violentes excitations de l'orgie ou les cruelles voluptés des combats de gladiateurs. Descendu à ce degré d'abaissement, un peuple a perdu, sans retour, non seulement toute notion d'art et de littérature, mais il s'est perdu lui-même parce qu'au souffle empesté du matérialisme, s'éteignent bientôt la conscience du devoir, le sentiment religieux, les douces affections de famille, base de la société, le courage, le dévouement, tous les généreux instincts, tous les nobles sentiments; et il arrive un jour où le Peuple colosse, dominateur de l'univers, tombe comme de lui-même : —l'âme s'est retirée du corps, il ne peut plus se tenir debout!

« Par quel moyen conjurer de tels dangers sinon par la littérature? Autant son influence est funeste quand elle seconde, par des production sensuelles, le mouvement matérialiste, autant, si elle est spiritualiste et morale, elle peut devenir efficace pour retremper les âmes énervées par le scepticisme et le culte des intérêts.

« C'est à la rendre telle que nous appliquons tous nos soins. Pour faciliter l'éclosion des talents inconnus et convier tous les écrivains aux saines traditions, nous avons institué des comités éclairés et impartiaux : l'un d'eux juge les pièces des débutants, et transmet celles qu'il accepte aux théâtres affectés aux essais lyriques ou dramatiques, un autre examine les ouvrages des auteurs connus et les distribue, selon leurs genres, à d'autres théâtres, enfin un troisième prend connaissance des poëmes, des romans, etc., et les fait éditer aux frais de l'État s'il les reconnaît particulièrement dignes de la publicité. Dans plusieurs provinces, ce sont les sociétés de gens de lettres qui exercent ce patronage.

— J'approuve le patronage des sociétés, lui dis-je ; mais ici vous me paraissez soumettre la littérature au régime d'un vaste monopole qui la met dans la main de votre gouvernement.

— Pas plus que vous ne monopolisez la peinture et la sculpture en décernant à leurs productions remarquables les honneurs d'une exposition annuelle et d'une distribution de médailles. Nous avons pour nos théâtres subventionnés un jury impartial comme vous en avez un pour les Beaux-Arts, et, de même que votre jury artistique, il remplit sa mission en dehors de toute espèce de préoccupation gouvernementale ; nous permettons même aux auteurs d'exercer leur verve sur la politique. Nous n'interdisons que les pièces, qui, par d'ingénieux et subtils sophismes, tendent à ébranler le sentiment de nos devoirs dans la famille ou dans la société. Celles-là seules sont vraiment dangereuses : on sourit d'une plaisanterie un peu leste, mais, la lèvre détendue, il n'en reste aucune trace. Il n'en est pas ainsi d'un ouvrage qui, sous une forme attachante, soutient une thèse subversive : son influence délétère corrompt, jusque dans la racine, toute notion de saine morale, à ce point qu'on en arrive à se livrer au mal de gaieté de cœur, et que la conscience, cet ange gardien de notre âme, se fait la complice des mauvaises passions qu'elle devrait combattre.

« Sauf cette exception, nous n'imposons aux lettres aucune entrave, et l'État n'intervient que pour appeler et soutenir le débutant dans la bonne voie, le préserver des défaillances auxquelles pourraient l'entraîner les nécessités de la vie, et, rendant la bonne littérature aussi lucrative que l'autre, combattre celle-ci sur le terrain même des intérêts. »

IX

UN THÉATRE A VÉNUSIA

Cette conversation nous conduisit jusqu'à l'entrée du théâtre, dont mille gerbes lumineuses éclairaient l'élégante façade, et dessinaient, en blanc sur le fond noir du ciel, les arabesques de la balustrade supérieure ainsi que les nombreuses statues qui la surmontaient.

Mélino m'apprit que c'étaient des statues d'auteurs et d'acteurs célèbres, et que chaque monument de Vénusia glorifiait ainsi ses héros : les Académies avaient leurs grands poëtes et leurs grands savants, les Musées leurs artistes illustres, les Hôpitaux leurs médecins les plus en renom; radieuses pléïades, qui couronnaient d'une auréole de gloire les temples de l'intelligence humaine, et qui servaient, à la fois, d'encouragement et d'exemple à la postérité.

Ainsi que me l'avait fait espérer Mélino, nous n'eûmes à subir ni le fatigant préalable de la queue, ni l'encombrement désordonné du contrôle, autour duquel se pressent, dans nos théâtres, une foule de gens, assourdissant de leurs plaintes et de leurs réclamations les employés effarés. La certitude qu'a chaque spectateur de trouver la place qu'il a retenue suffit à prévenir cette affluence et cette confusion.

Arrivé à l'étage où se trouvaient les places que nous avions choisies, ce ne fut pas sans un vif plaisir que je me vis à l'abri des obséquiosités félines de l'ouvreuse de loge, et de l'importunité quémandeuse de ses offres de service. A Vénusia, les ouvreuses se contentent d'ouvrir les loges, tandis que les nôtres ne songent qu'à faire ouvrir les bourses.

Le public remplissait déjà la salle, mais nous n'eûmes aucune peine à nous rendre à nos places.

Dans les théâtres de Vénusia, les banquettes sont coupées de sentiers perpendiculaires, et convenablement espacées entr'elles, de sorte qu'on n'a point à frôler une herse de genoux anguleux, et à subir la mauvaise humeur de leurs propriétaires. J'ajouterai qu'une fois arrivé et assis, on n'est jamais serré, bonheur bien rare dans nos salles de spectacle, où, pour *forcer la recette*, les directeurs abusent par trop de l'extrême élasticité de la charpente humaine.

La salle était magnifiquement éclairée. Toutefois, un énorme lustre ne descendait pas jusqu'aux deux tiers de sa hauteur, répandant une lumière aveuglante pour les galeries supérieures et une chaleur incommode pour toute la salle. Il n'était pas non plus remplacé par une coupole nue, tamisant une lumière blafarde, mais bien par une certaine quantité de petits lustres placés très-haut, et constellant le plafond de leurs couronnes de feu; d'autres lustres, de dimensions également modestes, pendaient en grappes lumineuses, au dessus de chaque loge des premières; les courbes séparatives des autres étages étaient dessinées par un double rang de globes opalins, éclairés à l'intérieur, et simulant de gigantesques colliers de perles.

Mais l'ornement le plus beau de la salle était,

sans contredit, la guirlande de frais et gracieux visages qui fleurissaient dans les loges des galeries. Je remarquai avec plaisir que les beautés de Vénusia n'abusaient pas du décolleté, et que toutes les épaules, qui avaient acquis des droits à la retraite, s'abritaient prudemment sous les plis de la gaze ou du satin, au lieu d'affliger les regards de leurs aspérités ravinées par le temps.

De leur côté, les spectateurs ne transformaient point l'orchestre et le parterre en une sorte d'observatoire, et ne braquaient pas, sur certaines femmes, souvent avec une obstination impertinente, les deux branches de leurs jumelles indiscrètes.

Bientôt, à la place des trois grands coups de gaule qu'on frappe chez nous en signe d'avertissement, un timbre placé dans la salle fit résonner sa note claire et métallique. Il se fit un grand silence, et la représentation commença.

On exécuta d'abord une magnifique ouverture, dans laquelle les instruments de cuivre paraissaient vivre en très-bon accord avec les autres, et ne pas chercher à les écraser de leurs éclats retentissants. Puis, la toile se leva, et un silence attentif régna jusqu'à la fin de l'acte. C'est dire que nous n'eûmes point à subir l'agaçant voisinage de ces insupportables bavards, qui ne se gênent en aucune façon pour causer à haute voix, et semblent même fort aises de faire admirer à tous ceux qui les entourent la finesse et le piquant de leurs observations critiques.

La pièce représentée n'appartenait à aucune de ces catégories dans lesquelles nous avons cru devoir parquer les œuvres théâtrales, car tous les genres s'y trouvaient mêlés.

Le jeu des acteurs me frappa surtout par son naturel exquis ; aucune charge dans les scènes de comédie, mais une saisissante image du ridicule, et des effets toujours puissés dans la source du comique la plus abondante et la plus pure — la naïveté; pas d'emphase non plus dans les situations pathétiques, pas d'assourdissantes explosions de douleur ou de colère, pas de contorsions spasmodiques, mais un jeu sobre, une émotion contenue, ou plutôt voilée, et dont un geste, un frémissement, une intonation, un regard, suffisaient à trahir la violence, comme ces éclairs, qui soudainement illuminent les profondeurs d'une sombre nuée, et les sinistres grondements qui s'y font entendre signalent la tempête qu'elle recèle dans son sein.

Je ne fus pas moins ravi des artistes qui chantèrent. Leur voix rendait avec une émotion sympathique tous les sentiments de leur rôle, sans jamais cesser d'être suave et mélodieuse. Elle était accompagnée, et, pour ainsi dire, caressée, par un excellent orchestre qui en doublait le charme, comme le vague murmure d'une forêt fait ressortir le chant perlé du rossignol. Quelle différence avec nos établissements lyriques, où l'orchestre rageur, loin de soutenir l'acteur, paraît vouloir engager avec lui un duel de sonorité ! Combien de voix charmantes, ce minotaure des chanteurs et des chanteuses n'a-t-il pas dévorées ? Et pourtant, oublieuses des cruelles leçons du passé, les victimes du monstre aux cent bouches hurlantes, semblent prendre plaisir à cette lutte inégale, et c'est à qui abordera d'assaut les notes les plus inaccessibles. Elles y sont malheureusement encouragées par ces prétendus dillettanti qui, dans nos théâtres lyriques, étalent leur prétentieuse nullité, et se répandent en bravos frénétiques chaque fois qu'éclate une de ces notes transcendantes qui ne sont que des cris aigus, chaque fois encore que l'artiste, se livrant à des exercices de pyrotechnie lyrique, fait jaillir de son larynx ces fusées d'arpèges et de trilles, qui n'ont d'autre charme que celui d'un pénible tour de force plus ou moins heureusement accompli.

Dans l'art chorégraphique, j'admirai combien

danseuses et danseurs vénusiens montraient de grâce décente et d'expression passionnée dans les sentiments qu'ils avaient à rendre. C'était suave et éthéré comme une vision séraphique. Ainsi, le spiritualisme le plus pur avait transformé là-haut cet art de la danse, si sensuel et si matérialiste dans nos théâtres, où, hélas! le tour de force l'a envahi comme il a envahi le chant. Les jetés-battus luttent de vertugineuse agilité avec les vocalises, et le bond qui enlève jusqu'aux frises l'élastique ballerine est pour elle ce que l'*ut dièze* est pour le chanteur : le *nec plus ultrà* du talent, le comble de l'art et du succès. Je ne parle pas de nos danseurs. La race s'en perd tous les jours, et ce qu'il en reste danse très-peu et très-mal. On n'en exhibe encore que pour faire ressortir, par contraste, la beauté plastique de tout ce que montrent les danseuses, et c'est beaucoup dire. On les emploie aussi à leur servir de support dans leurs attitudes penchées, et de levier pour les lancer en l'air. Ce sont des pièces de gymnase que notre façon de comprendre la danse rend indispensables.

Telle était, au contraire, la perfection des artistes vénusiens, que j'avais peine à comprendre qu'une seule troupe comptât des interprètes aussi distingués dans les genres les plus différents.

A la fin de l'acte, je fis part de mon impression à Mélino, qui me donna la clef de l'énigme.

— Dans notre ville, me dit-il, chaque théâtre n'a pas une troupe spéciale. Si, chez vous, on fait les pièces en vue du personnel restreint d'un théâtre, et le plus souvent pour un seul artiste, de manière à sacrifier les autres rôles au despotisme de sa vanité et à réduire ses camarades aux modestes attributions de comparses donnant la réplique, nous croyons, au contraire, que rien ne restreint l'art à des proportions plus mesquines et plus éphémères que cette préoccupation d'écrire un rôle, non pour développer un caractère observé sur la scène du monde, mais pour faire valoir les qualités particulières d'un acteur, et parfois ses défauts physiques. Nos théâtres sont distribués en groupes à chacun desquels est affectée une grande troupe. Les artistes qui la composent jouent dans tel ou tel théâtre, suivant que leur talent convient plus ou moins aux rôles tracés dans les pièces qu'on y donne, et l'auteur a ainsi un vaste champ pour choisir ses interprètes.

De vifs applaudissements éclatèrent souvent pendant la représentation de la pièce vénusienne, mais je ne vis pas que l'enthousiasme eut, comme chez nous, son foyer spécial dans une partie de la salle.

— Vous n'avez donc pas de claque? demandai-je à Mélino.

— Qu'est-ce que la claque?

— Vous êtes bien heureux de l'ignorer! c'est un groupe de gens, qui ne paient pas leurs places, mais qui sont payés pour applaudir à certains endroits de la pièce convenus d'avance, quand par exemple l'acteur crie un peu plus fort que de coutume ou lorsqu'il rentre dans la coulisse. A ces moments, vous voyez s'élever, du milieu du parterre, une vingtaine de paires de mains, grosses comme des gants d'escrime et rouges comme de la lie de vin : ces mains claquent bruyamment et retombent ensuite avec un ensemble tel qu'on les croirait mues par un ressort. Une machine pourrait, du reste, les remplacer avec avantage : elle serait tout aussi intelligente et tiendrait moins de place.

— Alors, me dit en riant Mélino, vos artistes entendent avec satisfaction et orgueil les applaudissements qu'ils ont soldés d'avance! Ils me paraissent, en cela, ressembler à certain jeune homme qu'un amour dédaigné avait exalté jusqu'au délire, et qui, pour tromper sa passion, s'était avisé de s'écrire et de s'envoyer les lettres les plus tendres, en les signant du nom de celle qu'il aimait.

— Je ne pense pas que nos artistes aient voulu se repaître d'une pareille illusion; je crois plutôt qu'ils espèrent que les bravos des claqueurs entraîneront ceux du public. Et pourtant, le contraire arrive plus souvent, car bien des spectateurs, disposés à manifester leur satisfaction, éprouvent une certaine répugnance à faire chorus avec ces gagistes de l'enthousiasme.

« Si encore les malheureux se bornaient à applaudir! mais ils s'égosillent en vociférations, et prodiguent les rappels, — quand on y met le prix. Rien, au reste, n'est plus nuisible à l'illusion théâtrale que ces tapageuses ovations à la fin de chaque scène à effet, ces brusques interruptions du spectacle causées par l'apparition d'une actrice qu'on a vue, à l'instant, ruisselante de larmes ou crispée de fureur, et qui vient, calme et souriante, se rendre au rappel qu'elle s'est fait adresser et remercier, d'un salut gracieux, la cohorte romaine pour des applaudissements dont elle connaît le tarif. Quelquefois, afin de compléter son triomphe, et lorsqu'elle est assez riche pour payer tant de gloire, elle se fait lancer des galeries supérieures une pluie de gros bouquets.

Mélino rit beaucoup de ces usages que nos mœurs ont si bien acceptés.

J'observai que, dans la loge qui avoisinait nos places, on discutait sur le mérite de la pièce nouvelle et sur le jeu de ses interprètes. J'en fus assez surpris, quand je vis surtout la part que prenaient les dames à ces appréciations.

Mélino me fit remarquer que rien n'était plus naturel que de causer de la pièce commencée.

— C'est vrai, lui répondis-je, mais aussi rien de plus rare chez nous : les messieurs, causent Bourse ou politique, au fond de la loge ; et, devant eux, les dames, tout en prenant mille attitudes gracieuses à l'intention du public, tiennent à peu près ce langage :

« — Madame Z... est très-bien dans le rôle de la comtesse, sa toilette est très-élégante ; seulement je n'aime pas beaucoup cette écharpe rose avec cette robe fond bleu.

« — Ni moi : je la préférais dans la pièce qu'on a représentée le mois dernier, et dans laquelle elle portait une robe grenat avec des volants noirs et des manches pagodes. On m'a dit qu'à l'acte qu'on va jouer, elle aura une robe de satin cerise avec un corsage noir garni de guipures et trois mètres de queue.

« — Par exemple, elle est admirablement coiffée,

observe une dame qui a de fort beaux cheveux, rangés à peu près comme ceux de l'actrice.

« — Peut-être sa mise n'est-elle pas assez riche pour représenter une comtesse, ajoute une quatrième, dont les oreilles scintillent de rubis et dont le cou est baigné d'une rivière de diamants.

« — Qui donc est dans cette loge, poursuit-on, n'est-ce pas la petite baronne de B...?

« — Précisément; avec son mari. Doit-elle s'ennuyer!

« — Je le crois; d'autant plus que son cousin, le jeune marquis de R... est en face, dans la loge de madame de M...

« — La robe de la baronne n'est pas mal.

« — Elle l'avait déjà la semaine dernière.

« — Vous croyez?

« — J'en suis sûre! je l'ai lorgnée pendant tout un acte.

Etc. etc.

De la pièce pas un mot.

A l'entr'acte suivant, nous nous rendîmes au foyer, qui, bien que très-spacieux, était rempli de monde : la facilité qu'on a de quitter et de regagner sa place, fait que beaucoup de gens ne manquent jamais de se donner le salutaire intermède d'une courte promenade.

Mélino me demanda si nos foyers ressemblaient à celui qu'il me montrait.

Je lui répondis qu'ils étaient beaucoup plus petits, et paraissaient, pour la plupart, n'avoir été pratiqués dans l'édifice qu'après coup, en profitant de quelque couloir hors d'usage.

« Mais, ajoutai-je, si le public des loges ne s'occupe guère de la pièce qu'on joue, en revanche, on en parle beaucoup au foyer — rarement il est vrai, pour en dire du bien.—Il y a d'abord les hauts barons du commerce, de l'industrie et de la Bourse, nos grands seigneurs d'aujourd'hui, qui, jaloux de montrer une sagacité littéraire qu'on ne leur eût jamais soupçonnée, critiquent à tort et à travers. On y voit encore les auteurs dramatiques, l'œil morne et la tête baissée si la pièce a du succès, joyeux et sémillants si le contraire arrive ; car ces chers confrères n'affectionnent et ne vantent jamais que les écrivains qui ne les éclipsent pas. Il en est de même, à l'égard des artistes jouant dans la pièce, de leurs bons camarades qui les critiquent à cœur joie ; les actrices se montrent surtout impitoyables pour celles qui ont l'affreux, l'impardonnable tort d'être plus jeunes et plus jolies qu'elles. Puis, viennent d'autres frondeurs non moins acerbes, les parias de l'art dramatique, les écrivains qui n'ont jamais pu se faire jouer nulle part et qui se disent, avec amertume, que leurs pièces, si piteusement rentrées dans leurs cartons après avoir tenté le siége de tous les théâtres, valent bien mieux que l'ouvrage représenté. Enfin, je ne dois pas oublier les critiques les plus vifs, les plus malicieux, les plus dangereux : — les amis de l'auteur. Sans doute, en causant entre eux, ils font montre d'une grande admiration pour l'œuvre de l'ami commun, mais cette admiration est acidulée de tant de restrictions confidentielles, de tant de blâmes intimes, qu'elle tourne souvent à l'aigre, et devient une belle et bonne satire.

Mélino me dit qu'à Vénusia le public des premières représentations était plus bienveillant, et les lambeaux de conversation que mon oreille put recueillir me firent juger qu'il disait vrai.

Plusieurs d'entre eux me regardaient avec curiosité, et notamment deux savants, amis de Mélino.

La pièce se continua dans un plein succès et sans les lenteurs des interminables entr'actes qui signalent les premières représentations dans nos théâtres, et que le public s'évertue à abréger, en trépignant du pied pour activer le lever du rideau ; fâcheux expédient qui n'a d'autre résultat que de soulever dans la salle une nuée de poussière et d'ajouter un désagrément de plus à celui de l'attente.

Le spectacle se termina donc à une heure raisonnable. Grâce à de spacieux couloirs, la sortie se fit sans encombre et sans embarras.

Nous prîmes le dernier train d'un chemin de fer souterrain qui nous transporta à peu de distance de notre domicile.

X

CÉLIA

Deux jours après, Mélino m'apprit qu'il avait reçu de sa fille une lettre annonçant son retour pour le lendemain même.

Il m'en témoigna une vive satisfaction, et ajouta qu'il allait immédiatement faire part de l'heureuse nouvelle à son futur gendre, un jeune vénusien de vingt-cinq ans, nommé Cydonis, pour qu'il vînt, suivant l'habitude, passer la journée auprès d'eux.

— Comment! lui demandai-je tout surpris, c'est ici l'usage de recevoir un fiancé pendant des jours entiers?

— Et ces visites se prolongent un ou deux mois. Ne faut-il pas, avant d'accomplir un acte aussi important, aussi indissoluble que le mariage, s'apprécier et se connaître à fond?

— Eh bien! nous sommes loin de comprendre ainsi les choses sur notre globe terrien, et nous traitons le mariage d'une façon bien plus expéditive. A nos yeux, c'est purement et simplement une affaire d'intérêt, et, comme nous en avons beaucoup en tête, nous bâclons celle-là en trois ou quatre jours.

— Comment cela? demanda en riant Mélino.

— Un tiers officieux, mandataire et souvent membre de la famille du futur, vient trouver le père de la jeune fille, et, après un éloge convenable de l'ange en question qu'on recherche, avant tout, pour ses charmes, ses vertus... etc, demande quel sera le chiffre de sa dot. Le père l'annonce, et s'enquiert à son tour de l'apport du prétendant. L'ambassadeur matrimonial répond, et, des deux côtés, on commence par trouver les chiffres insuffisants. Une discussion s'engage : celui-ci fait valoir le poste officiel qu'occupe le jeune homme, dont le caractère souple est un gage d'avancement; celui-là fait briller la perspective dorée d'un oncle à héritage. On objecte que le dit oncle est encore bien jeune et bien portant, et l'on fait sentir au père lui-même qu'il n'est pas exempt de ce défaut. Bref, on lui demande son dernier mot, et dès qu'on a saigné le pauvre homme jusqu'à l'épuisement, on conclut l'affaire.

« C'est à ce moment qu'apparaît le fiancé. Ganté et cravaté de blanc, symbole de la candeur de ses sentiments, il se rend chez la jeune fille, lui dévoile le *secret de son âme*, la flamme qui le dévore, et dont rien au monde ne saurait affaiblir l'ardeur : ni le temps, ni l'absence, ni les tribulations... (Il ne parle pas d'une diminution de dot, car elle l'éteindrait à l'instant même).

« Cette scène jouée, on se rend chez le notaire qui passe d'un contrat de vente à un contrat de mariage, — sans trouver une bien grande différence dans les deux marchés.

— Et voilà tout ?

— Ah !... j'oubliais de vous dire qu'on se rend aussi à la mairie, pour accomplir une dernière formalité devant un fonctionnaire cerclé d'une écharpe. Mais, je vous le répète, le mariage n'est, avant tout, qu'une affaire, et l'on peut le considérer comme parfaitement conclu dès que le contrat est signé.

— Eh quoi! vous ne prenez pas plus de précautions pour assurer le bonheur de deux existences, vous ne vous inquiétez pas davantage des convenances de caractère, des sympathies du cœur?

— On traite tout cela de chimères sentimentales, de rêveries romanesques, et l'on ne s'en préoccupe pas le moins du monde. Les hommes se marient afin de se procurer des capitaux pour leurs spéculations, l'achat d'une étude, etc., les femmes pour avoir leur liberté, des bijoux et des toilettes.

— Mais, avec un pareil système, vous devez créer d'assez tristes ménages, et avoir un singulier nombre de femmes ruineuses et d'insupportables maris.

— Nous n'en manquons pas; et si nous mettons peu de temps à improviser un mariage, nous en passons souvent beaucoup à nous repentir de l'avoir conclu.

Suivant la promesse contenue dans sa lettre, la fille de Mélino arriva le lendemain même. C'était une ravissante créature, une merveille de grâce et de beauté...

— A la bonne heure! interrompit Léo en souriant, j'aurais été bien étonné que, dans la planète qui a nom Vénus, les femmes n'eussent pas été jolies.

— Elles le sont, en effet, au suprême degré. Tout, du reste, dans Vénus, l'emporte à cet égard sur notre globe, et cela parce que le soleil, source de toute beauté, l'inonde de torrents de lumière. Voyez son influence dans les contrées de la Terre qu'il favorise, dans les régions équatoriales par exemple : quelle exubérance de végétation ! comme les fleurs ont des couleurs vives et des parfums pénétrants, comme le plumage des oiseaux resplendit de riches reflets ! tandis que dans les zones boréales tout est terne, triste, étiolé.

— Cependant, objecta Léo, je ne sache pas que les hommes et les femmes des régions équatoriales, c'est-à-dire les nègres et les négresses soient précisément des types de beauté.

— Sans doute ; mais les Georgiens présentent ce type, et la Georgie est un pays aimé du soleil. La laideur de la race nègre ne tient pas à la région qu'elle habite mais bien au caractère anatomique de sa constitution : le crâne, les cheveux, la face et la peau des nègres, présentent avec les nôtres des différences de conformation qui sont originelles et parfaitement indépendantes du climat. Mais, sans sortir de l'Europe, comparez entre elles les diverses nations de la race caucasique, et vous reconnaîtrez que le Midi a généralement été favorisé. Les peuples de la Grèce et de l'Italie, par exemple, n'ont-ils pas été plus remarquables, par la beauté, le courage, l'intelligence et le génie, que la Russie et l'Allemagne, ces deux lourdes nations qui opposent leur énorme lest à tout essor de la civilisation et du progrès ? Ne vous étonnez donc pas des perfections de la race vénusienne, dont Célia présentait un des types les plus parfaits.

Elancée et souple comme un roseau, sa taille avait une élégance exquise et une majesté dont le caractère un peu sévère était tempéré par la grâce onduleuse des attitudes, le charme du sourire et les mélodieuses inflexions d'une voix fraîche et caressante. Son teint, d'une blancheur mate et un peu dorée, s'animait vers les joues d'une nuance rosée, semblable à ces riants reflets qui colorent au matin le contour des nuages. Une lueur humide baignait ses lèvres pourprées. Ses grands yeux noirs scintillaient comme deux escarboucles, et quand elle abaissait un peu la paupière, cet éclat, tamisé par une double frange de longs cils, prenait une douceur extrême; mais ardents ou langoureux, ses regards avaient tant de mobilité et d'expression, que toute son âme semblait rayonner dans ses yeux. Les suaves contours de son front se perdaient dans l'ombre d'une magnifique chevelure dont les flots d'or coulaient le long de ses joues, pour retomber en cascade sur ses épaules satinées. Puis, rare et charmant contraste! auprès de ces blonds cheveux, deux sourcils noirs, se courbant avec une exquise pureté de ligne sur des yeux pleins de vifs regards, semblaient deux arcs d'ébène tendus pour les flèches de l'amour.

Pardonnez-moi, mes bons amis, ces métaphores qui doivent vous paraître prétentieuses et outrées parce que vous les appliquez aux femmes de la Terre, mais qui ne sauraient vous peindre que bien faiblement la grâce enchanteresse de la plus jolie fille de Vénus.

Elle me considéra avec une grande surprise, qui s'augmenta encore quand son père lui eut fait connaître quelle était ma lointaine patrie.

— Comment! s'écria-t-elle, c'est cette belle étoile que nous appelons l'étoile du berger?

— Et qui donne aussi ce nom à votre planète, répondis-je en souriant, car c'est pour nous également l'étoile qui, pendant une bonne partie de l'année, apparaît la première après le coucher du soleil, et avertit le berger que l'heure est venue de ramener son troupeau à l'étable. Ainsi, une sorte de sympathie fraternelle semble lier les deux astres, et, dans cette innombrable quantité d'étoiles que ramène la nuit, les nôtres se montrent les plus empressées à se visiter et à échanger le premier bonsoir.

Célia sourit de ces prétentions à une sympathie, dont je semblais ne reconnaître l'existence entre deux astres qu'afin de l'établir à de moindres distances.

Pendant le repas qui suivit son arrivée, la jeune vénusienne m'adressa mille questions sur les choses de notre monde, notamment sur le mariage et les toilettes, d'où je jugeai que l'instinct de la parure était commun à toutes les femmes de l'univers.

Je m'empresse d'ajouter qu'elle m'interrogea sur une foule de points bien plus sérieux, et que je fus étonné de la variété de son érudition et de la trempe vraiment virile de son esprit. Je m'attendais à trouver ce que, dans nos pays civilisés, nous appelons une demoiselle bien élevée, c'est-à-dire une jeune fille guindée, timide, glacée de réserve et de modestie, pinçant les lèvres et baissant les yeux, gracieux automate dont l'éducation a monté le mécanisme, jusqu'au jour où le mariage le brise, anime la statue et métamorphose la docile poupée en un petit démon mutin, volontaire et donnant à ses instincts et à ses caprices un essor d'autant plus violent qu'on l'a depuis plus longtemps comprimé.

Celia était bien loin de subir cette contrainte et d'affecter cette timidité maniérée, dont la candeur apparente n'exclut pas les recherches de la coquetterie, les satisfactions vaniteuses et les dénigrements jaloux. Elle avait passé toute sa jeunesse auprès de sa mère, au lieu d'aller dans ces grands pensionnats où l'on défait l'éducation des demoiselles.

— Tu veux dire *où l'on fait*, interrompit Muller.

— J'ai dit le mot qui traduit ma pensée. Quelle est, en effet, mon cher, l'œuvre des pensionnats à la mode? Une jeune fille a été élevée dans la sainte simplicité de la vie de famille, par l'affection vigilante d'une mère qui s'est complue à orner son cœur des plus chastes et des plus nobles sentiments. L'amour de Dieu, les affections de famille, la droiture, la charité ont été enseignés à cet enfant, — non pas en leçons dogmatiques prononcées du haut d'une chaire pédante, et apprises par l'élève comme un de ces devoirs de récitation qui passent par la mémoire sans qu'il en reste rien à l'esprit ni au cœur, — mais dans l'intimité du foyer et la douce expansion des causeries maternelles. Ainsi formée par la tendresse et le dévouement, cette jeune fille entre dans une de ces usines à éducation qu'on nomme pensionnats. Tout d'abord, elle se trouble et s'afflige ; son pauvre cœur, qui s'épanouissait si bien, dans la douce et saine atmosphère de la famille, se resserre et souffre du vide glacial où il se trouve plongé. La supérieure, qui est devenue sa seconde mère (à tant par trimestre), s'efforce de tempérer cette exquise et si fugitive sensibilité de l'enfance, et de tarir chez la jeune fille les saintes larmes du regret filial, diamants du cœur, les plus beaux et les plus purs qu'elle puisse avoir jamais !.. On la met ensuite au piano, et on lui fait rédiger, de sa plus belle écriture, des cahiers d'histoire, de géographie, etc., qui contiennent ce qu'elle est censée savoir, et qu'on montre, au bout de l'an, aux parents extasiés. Elle trouve, dans le contact journalier des autres pensionnaires et dans les petites rivalités qu'il fait naître, un aiguillon perpétuel à sa vanité, si bien qu'elle entre ensuite dans le monde, avec une légère teinte d'érudition qui ne tarde pas à s'effacer, et des instincts de frivolité et de coquetterie qui ne feront qu'augmenter toujours. Sa candeur première a disparu pour faire place aux prétentions et à un ardent désir d'éclipser ces *chères amies*, qu'elle embrasse sans cesse, dans le monde, afin de montrer un cœur aimant, et en attendant mieux.

La blonde fille de Vénus ne connaissait pas ces

coquettes minauderies. Chez elle, aucune grâce étudiée, aucun sourire factice, mais une simplicité parfaite et une candeur angélique qui laissaient voir toute son âme, comme on voit une gemme dans le cristal d'une eau limpide.

Elle aimait son père d'une affection vraie, profonde, et non avec cette sentimentalité démonstrative qui ne se manifeste qu'en public et par toutes sortes de mignonnes appellations. Quant à sa pauvre mère, qu'elle avait perdue depuis environ deux années, Célia conservait religieusement, au fond de son cœur, son image rayonnante d'une céleste clarté: c'était l'inspiratrice de ses pensées, l'ange gardien de sa destinée.

Vous devez bien penser qu'à vingt-cinq ans, et, le cœur doucement amolli par les tièdes influences du climat vénusien, je dus subir le charme de tant de perfections. Surpris d'abord comme par une vision céleste, j'éprouvai un sentiment d'admiration qui peu à peu se métamorphosa en un ardent amour. Mon regard ne pouvait se détacher de cet adorable visage, qui semblait croître en attraits à mesure que je le contemplais, car il en est de l'amour comme de toutes nos émotions, elles n'éclatent jamais soudainement dans leur intensité complète : on ne savoure pleinement les beautés d'un tableau ou d'une composition musicale que lorsqu'on s'est, en quelque sorte, familiarisé avec eux.

Ce fut ainsi que, buvant à longs regards le philtre qui m'enivrait, j'en arrivai, au bout de quelques heures, à être amoureux comme un fou.

XI

CYDONIS. — UN ARRÊT DE LA SCIENCE. — ACADÉMIE. — OFFICE FUNÈBRE.

Dès qu'il eut appris le retour de Célia, son fiancé se hâta de se rendre auprès d'elle. C'était un jeune homme de haute taille, aux yeux expressifs, à la physionomie ouverte, et sur laquelle s'épanouissait un sentiment de sincérité parfaite. Sa toilette, des plus simples, semblait affranchie du despotisme de la mode, méticuleux et fantasque comme tous les despotismes. Cydonis n'était, en effet, ni rasé jusqu'au sommet des oreilles comme un magistrat, ni barbu jusqu'aux yeux comme certains artistes. De fines moustaches noires se dessinaient sur sa lèvre intelligente, et un léger duvet ombrageait son menton. Il avait une distinction réelle, et je ne remarquai pas chez lui cette pointe de fatuité et de prétention, si commune chez nos jeunes gens et nos jeunes femmes à la mode, bien que son principal effet soit de tout enlaidir, même la jeunesse et la beauté.

Mélino reçut Cydonis avec une vive joie, à laquelle, vous le devinez aisément, je ne pris qu'une part assez modérée. C'était un rival; et, à ce titre, il devait d'autant plus me déplaire que je lui reconnaissais plus d'aimables qualités. Néanmoins, il me parut que Célia n'éprouvait point cette félicité intime qui, en pareille circonstance, remplit une âme vraiment éprise, et dont le joyeux reflet illumine tous les traits du visage. Sans doute l'accueil qu'elle lui fit ne manqua ni d'empressement ni d'affection, mais l'œil d'un rival est la clairvoyance même, et le regard le plus furtif, le geste le plus indifférent en apparence, suffisent pour lui révéler le secret d'un cœur. Ainsi, crus-je deviner que Célia ne ressentait pour son fiancé que ce sentiment d'amitié, qui est à l'amour ce que la cendre chaude est à la flamme, et je conçus l'espoir de lui avoir inspiré une sympathie plus voisine de la passion. Je craignis d'abord de céder complaisamment à une illusion de mon amour propre, mais une plus longue observation me donna l'assurance que mes appréhensions seules étaient chimériques. Pourquoi cette préférence en ma faveur? Grâce, distinction, esprit, j'avais tout à envier à Cydonis, mais je n'ai pas la prétention de vous expliquer ce qu'il y a de plus inexplicable, sur la Terre comme dans Vénus: le cœur de la femme.

Ce que je crois de plus probable, c'est qu'elle m'aima par simple curiosité. La curiosité a tant de prestige sur le cœur humain, et surtout sur le cœur féminin! Qu'est-ce, en effet, que l'homme? Un animal curieux; car, sans cet heureux instinct, il n'eût jamais rien appris, et ne se distinguerait pas des autres êtres vivants. La femme est bien plus curieuse encore : non pour s'instruire, mais pour se perdre, et perdre l'homme avec elle, — quelquefois même le genre humain tout entier... comme elle s'est empressée de le faire dès sa venue sur notre globe. — Or, les femmes de Vénus m'ont toujours paru issues d'une aïeule assez semblable à la nôtre, et je pense qu'elle aussi dut vouloir pénétrer le mystère de quelque interdiction, dans les vergers du paradis vénusien.

Je ne saurais, je le dis encore sans vouloir faire vanité de modestie, expliquer autrement la prédilection de Célia, que par cet irrésistible et universel attrait du nouveau, car Cydonis était un jeune homme de tout point accompli. J'admirai notamment la façon dont il faisait sa cour auprès de Célia et de ses parents. Faire sa cour, chez nous, c'est, vous le savez, prendre pendant quelques jours un masque de tendresse et d'aménité. Rien de charmant comme un futur gendre et mari : paraître affable, docile, aimant, dévoué, faire la toilette de ses sentiments comme on fait celle de sa personne, se répandre en promesses et en protestations de toutes sortes, c'est là le rôle de tout candidat, du candidat au mariage, comme du candidat à la députation. Oh! l'excellent époux que va faire ce jeune homme, qui, tout confit de douceur et de bénignité, suit, avec la persistante fidélité d'un satellite, sa douce et rayonnante fiancée, l'embrase de ses regards, et roucoule à son oreille les plus tendres serments d'amour! Et comme les parents de la jeune fille auront à se féliciter d'avoir un tel gendre! Il se dit au comble du bonheur d'être adopté par eux; il sera un fils plein d'affection respectueuse, et mettant tout son orgueil, toute sa joie, à entourer la vieillesse de ceux qu'il appelle son second père et sa seconde mère, des soins les plus tendres, du dévouement le plus absolu ! Comment ne pas s'empresser d'accomplir l'union qui doit assurer tant de félicités ? On célèbre donc la fête, en grande pompe, aux sons de l'orgue, aux chants du chœur, et... la scène change aussitôt après. Ce Roméo si tendre, qu'un magnétisme irrésistible attachait aux pas de sa fiancée, devient froid, indifférent, égoïste, impérieux, et délaisse, à tout instant, le foyer conjugal pour la Bourse, le cercle, ou des rendez-vous d'affaires aussi problématiques qu'interminables ; ce gendre si aimant et si dévoué songe peu à ses seconds parents, et bien souvent il attend avec plus ou moins d'impatience la réalisation de ces probabilités de décès prochain, qu'on a l'amabilité d'appeler des *espérances*. — C'est ainsi que le mariage est une assez triste pièce en trois actes et de genre composite, qui débute par une comédie, se noue par un opéra, et se termine par un drame plus ou moins larmoyant.

Cydonis ne ressemblait nullement à nos doucereux charlatans de tendresse conjugale et de devouement filial. Rien d'affecté et de composé en lui, aucun souci de dissimuler ses défauts et de faire valoir des qualités réelles ou imaginaires, en faisant habilement briller, aux yeux fascinés de la jeune fille et des vieux parents, le séduisant mirage de toutes les perfections et de toutes les félicités. Il était simplement et franchement lui-même, et paraissait plutôt un frère ou un ami qu'un aspirant matrimonial.

Un léger incident, survenu le jour même de l'arrivée de Cydonis, ramena mon esprit au souvenir de la Terre, et me montra que si les fiancés y différaient profondément de ceux de Vénus, nos savants avaient sur cette planète de dignes confrères.

En sa qualité de savant, Mélino faisait partie de l'Institut qui existait à Vénus ; — car partout il y a deux savants, il y a un Institut. — Comme il en revenait le soir, il me dit en riant :

— Savez-vous, mon cher Volfrang, qu'il a été grandement question de vous à notre séance d'aujourd'hui !

— Comment ! Est-ce qu'on saurait mon voyage interplanétaire ?

— Pas le moins du monde. Seulement, une discussion, que je pouvais éclaircir d'un seul mot, mais dans laquelle je me suis bien gardé d'intervenir, s'est établie sur votre personne.

— A quel sujet?

— Vous vous rappelez, sans doute, ces deux savants qui, pendant la représentation à laquelle nous avons assisté, n'ont cessé de vous observer, soit dans la salle, soit au foyer?

— Oui. Eh bien?

— Eh bien, frappé des dissemblances que votre constitution physique présente avec la nôtre, l'un d'eux a écrit un long mémoire pour établir que vous apparteniez à la race vénusienne de la période tertiaire, que l'on croyait tout à fait éteinte. Il a, dans ses collections, des débris d'ossements fossiles qu'il fait remonter à cette époque, et il prétend que l'analogie est complète, que vous appartenez de toute nécessité à cette race, et qu'il possède, dans ses vitrines, des vestiges de vos aïeux. Son collègue, qui n'a que des fossiles de la période volcanique, assure au contraire que votre origine généalogique se rattache à cette dernière évolution du sol. Toujours est-il que vous voilà, de par la science, naturalisé vénusien, et que vous n'avez plus à craindre d'indiscrétions, car il est désormais impossible à qui que ce soit, même à vous, de persuader le contraire à nos doctes paléontologues.

— Aussi ne l'essaierai-je pas. Je sais que, dans nos régions terriennes, il serait plus facile de faire remonter un fleuve à sa source que de faire revenir un savant sur son opinion. Or, l'épisode de la séance vénusienne m'a prouvé que les savants sont les mêmes partout, et qu'il leur est généralement échu le magique pouvoir de rétablir une inscription avec une lettre, un palais avec une pierre, et le corps d'un animal avec l'empreinte indécise d'un fragment d'os.

Quoique savant, Mélino ne fut pas blessé de mes paroles. Il en sourit même, en songeant à ceux de ses confrères qu'il croyait atteints de ce ridicule, et sans se demander naturellement s'il ne l'avait pas lui-même, attendu que nous ne nous reconnaissons jamais que dans les portraits qui nous flattent.

— Vous avez donc aussi un Institut? me demanda-t-il.

— Chaque ville a le sien, mais malheureusement la routine, l'esprit de système et les animosités personnelles y nuisent souvent au progrès de la science. Nous possédons aussi une académie purement littéraire, ou qui du moins devrait l'être, mais la politique, qui s'infiltre aujourd'hui partout, a pénétré dans son enceinte, et il est rare que ce corps se recrute par des choix faits dans la littérature. Il s'inquiète, au contraire, des titres nobiliaires des nombreux candidats qui assiégent ses portes, — comme si les vrais titres de noblesse d'un écrivain n'étaient pas ses œuvres, — il tient grand compte aussi de leurs relations de salon, de leur passé politique, de leurs affinités de coterie, au lieu de se préoccuper uniquement de leurs ouvrages, et de considérer :

Plutôt ce qu'ils ont fait que ce qu'ils ont été.

— Et quelle est la mission de cette académie ?

— Elle est censée faire un dictionnaire de notre langue... véritable dictionnaire de Pénélope que celui-là, car elle y travaille toujours sans l'achever jamais. Composée de quarante membres, elle ne fait parler d'elle que lorsqu'ils sont trente-neuf. Alors, les incertitudes du choix de l'élection qui doit combler le vide, et ensuite la séance consacrée à la réception de l'élu, excitent, au plus haut degré, la curiosité publique.

Cette réception est donc le sujet d'une cérémonie ?

— A laquelle on attache une importance solennelle, et qui sert de prétexte à de longs discours, comme il arrive, du reste, pour toutes nos cérémonies d'installation de n'importe qui ou d'inauguration de n'importe quoi. Chez nous, si tout finit par des chansons, tout commence par des discours.

Dans cette séance académique, le récipiendaire déclare, tout d'abord, combien il est indigne de l'éclatant honneur qu'on lui a fait, honneur qu'il a pourtant vivement sollicité, en étalant ses titres aux yeux de ces mêmes académiciens qui l'écoutent, et qui pourraient lui dire :

> Ce langage à comprendre est assez difficile,
> Monsieur, et vous parliez tantôt d'un autre style.

Puis, sous prétexte de faire l'éloge de celui qu'il remplace, il se livre à des appréciations plus ou moins passionnées sur les diverses époques que le défunt immortel a traversées. A son discours succède celui de l'académicien chargé de le recevoir, lequel souvent le crible de fines épigrammes, et le reçoit, pour ainsi dire, à coups d'épingle.

Notre conversation fut interrompue par l'arrivée d'une lettre de deuil qui fut remise à Mélino. Elle était ainsi conçue :

« *Nous avons la douleur de vous annoncer le décès de M. X*... (suivaient les divers titres du défunt, et les signatures des parents, sans aucune qualification). *Le service funèbre aura lieu à...*, etc.»

— Comment ! c'est tout? demandai-je à Mélino, après avoir lu ce billet si simple.

— Que voudriez-vous de plus?

— Rien assurément. Mais, dans notre pays, les douleurs de famille sont autrement loquaces et vaniteuses; et voici, à peu près, dans quel style cette lettre serait rédigée, avec profusion de ces majuscules par lesquelles beaucoup de gens croient agrandir l'importance de leurs fonctions :

» *M. Wilmann, négociant, Membre du Conseil Fédéral, Chevalier de l'Ordre de l'Aigle-Rouge, M. Fritz, Conseiller à la Cour, Ex-Vice-Président du Comité Hippophagique, Chevalier de l'Ordre de l'Aigle-Rouge, M. Hermann, ancien Grand Veneur, Chevalier de l'Ordre de l'Aigle-Rouge, M. Zigzermach, Secrétaire-Général du Théâtre des Arts, Membre Correspondant des Sociétés Savantes d'Horticulture, d'Arboriculture, de Pisciculture, etc., etc.* (On met *etc.* quand on n'a plus rien à dire), *Chevalier des Ordres de l'Aigle-Rouge, de l'Éléphant-Blanc, etc., etc., ont l'honneur de vous faire part de la perte douloureuse qu'ils viennent d'éprouver dans la personne de M. X...* »

— Enfin ! voici le nom du pauvre défunt.

— Tout à fait au bas de la lettre, et presque inaperçu sous cet écrasant étalage de vanités plus ou moins inconsolables.

— A ce compte, vos billets de deuil semblent destinés bien plutôt à *faire part* des titres et qualités des vivants que de la perte du mort.

J'accompagnai Mélino à l'office funèbre, afin de connaître le rite en usage à Vénusia pour cette triste cérémonie.

Nous pénétrâmes dans le temple consacré. Il était d'une austérité toute religieuse : aucun luxe mondain, point de statues dorées, de tentures somptueuses, de costumes éclatants, de chants à grand orchestre : rien qui sentît l'idolâtrie ou le théâtre. Les prières récitées à haute voix n'étaient pas en langue tombée en désuétude, mais en bon langage vénusien parfaitement intelligible pour les assistants, qui trouvaient assez naturel de savoir eux-mêmes ce qu'ils demandaient à Dieu, soit dans leurs prières, soit dans celles que le prêtre faisait pour eux.

L'office avait un caractère tout particulier de réserve et de simplicité. Dans nos temples, vous le savez, les cérémonies de ce genre ont souvent, — quand la fortune du mort le permet, et quand l'avarice des héritiers ne s'y oppose pas, — une magnificence peut-être regrettable. Le pompeux édifice du catafalque illuminé de cierges, les tentures brodées d'argent, les sons de l'orgue, la voix des chantres, qui paraissent quelque peu blasés sur les lamentations quotidiennes dont ils font leur gagne-pain, les allées et venues et les sollicitations des quêteurs obstinés qui, secouant leur bourse béante, font sonner les gros sous comme pour battre le rappel de la monnaie, tout cela, sans nul doute, nuit au recueillement profond d'une assemblée sur laquelle le souvenir du mort devrait planer seul. L'office auquel j'assistai n'eut rien de cette ostentation aussi vaine que coûteuse, et le silence le plus solennel ne cessa pas d'y régner.

Vers la fin, un ami du défunt monta en chaire, et prononça, non point une de ces oraisons funèbres, remplies de périodes retentissantes qui détournent sur le panégyriste l'admiration qu'il demande pour celui qui sert de prétexte à son discours, mais quelques paroles simples et touchantes, dans lesquelles il retraçait les qualités de la personne dont on déplorait la perte.

— C'est à peu près le discours que nous prononçons au cimetière, observa Muller.

— Oui; mais là, en plein air, gênés par les tombes voisines, et contrariés souvent par les intempéries du jour, les assistants ont grand peine à entendre ce suprême adieu, qui produit un tout autre effet prononcé dans la sombre enceinte où la foule attentive ressent une commune émotion.

Après la cérémonie, on brûla le corps du défunt; car, sur toute la planète, la crémation est préférée à l'inhumation; et, sans parler des terribles éventualités dont le mode vénusien est exempt, je crois qu'il répond mieux que le nôtre aux exigences de la salubrité publique.

XII

EXPOSITIONS. — MUSÉE ASTRONOMIQUE. — BOURSE.

Pour me distraire de ces tristes impressions, Melino me conduisit à une exposition des Beaux-Arts.

Elle était située dans une magnifique galerie, et les tableaux, placés à une hauteur moyenne, n'imposaient jamais à l'observateur le supplice d'une courbature. Comme le mérite de toutes ces œuvres était soumis à l'appréciation souveraine du public, il n'y avait aucun salon privilégié, accordant par anticipation une place d'honneur à certaines d'entre elles.

Ce qui me frappa surtout dans cette exhibition, ce fut le spiritualisme de l'art vénusien, soit dans les tableaux, soit dans les statues. L'art n'est-il pas, en effet, l'idéal s'adressant à l'imagination par les sens, et ce qui fait l'éternelle beauté des statues de l'antiquité, n'est-ce point, avant tout, cette noble préoccupation qu'a eue l'artiste de représenter, sous des noms de dieux ou de déesses, les passions mêmes de l'humanité? Nous n'avons plus guère hélas! cette hauteur de conception, nous visons à la ressemblance exacte, nous multiplions les bustes et les portraits, et, de cette façon, loin de reproduire le beau idéal, nous reproduisons outre mesure le laid matériel. Que voulez-vous? L'Art était autrefois noble, pur et beau, mais pauvre; il s'est prostitué à l'Industrie, l'a épousée pour son argent, et de ce honteux mariage ne peuvent naître que des produits dégénérés.

Je fis part à Mélino de ce fâcheux caractère de nos expositions, et du prosélytisme que s'efforce de faire bruyamment l'école réaliste.

— Je ne comprend pas, dit mon hôte, que des esprits élevés puissent sérieusement professer de telles doctrines; comme si, soit en peinture, soit en statuaire, soit en littérature, l'art n'était qu'une plate reproduction de la réalité vulgaire et triviale! non assurément : il en est la quintescence, et on l'en tire, comme on extrait la liqueur exquise du marc grossier que distille l'alambic.

Je vis avec plaisir que chaque œuvre de cette exposition mentionnait, sur son socle ou son cadre, le nom de l'artiste et le sujet qu'il avait représenté.

— Ici, dit Léo, le livret nous donne ces indications.

— Mais encore faut-il avoir le livret! Et, dans ce cas même, vous m'avouerez qu'il est fort incommode et agaçant d'avoir à le feuilleter à chaque pas. Aussi, les plus patients laissent-ils la plupart des tableaux sans déchiffrer l'énigme de leur sujet, et ne consultent-ils leur livret que lorsqu'un groupe stationnant auprès d'une œuvre d'art les avertit qu'elle est remarquable. Alors seulement, ils l'examinent avec attention, augmentent le groupe des admirateurs, et, à leur tour, en attirent d'autres. D'ailleurs, je le répète, tout le monde ne le possède pas ce précieux indicateur, et, comme pour beaucoup d'autres choses, ceux qui ne l'ont pas, sont ceux-là mêmes qui en auraient le plus besoin. Le riche qui l'achète pourrait à la rigueur s'en passer, l'instruction qu'il a reçue lui permettant assez souvent de deviner le sujet par l'inspection du tableau, mais il n'en est pas de même des autres, c'est-à-dire du plus grand nombre. L'indication du sujet serait, pour eux, une initiation nécessaire qui leur permettrait d'apprécier l'exécution artistique, et les mettrait ainsi à l'abri de ces bévues énormes qui leur font prendre, par exemple, Néron regardant brûler Rome pour Napoléon à Moscou, la Muse Euterpe pour Sainte Cécile, ou une tente spartiate pour un poste de pompiers.

Auprès de l'exposition de peinture et de sculpture, je vis avec plaisir qu'il y avait une exposition de littérature où figuraient les meilleurs ouvrages de l'année, et je trouvai bien naturel que les Lettres fussent fraternellement admises à partager avec les Arts les mêmes honneurs et les mêmes récompenses.

Nous visitâmes ensuite plusieurs Musées, et notamment un Musée astronomique. J'y remarquai une énorme mappemonde vénusienne, portant en relief l'image des continents avec leurs aspérités et leurs couleurs diverses, et formant comme une exacte réduction de la planète. Le long d'une galerie, figuraient, dans les mêmes conditions mais sur une plus vaste échelle, les diverses contrées de ce globe. Au centre du musée, se montrait une merveille de mécanique représentant le système solaire tout entier, avec les grosseurs et les distances respectives de ses planètes, et chacune d'elles accomplissant son double mouvement de translation et de rotation dans l'espace de temps indiqué par l'observation astronomique.

A côté, se trouvait une salle fermée de tentures noires, couverte de tapis de la même couleur, et complétement obscure dans toute son enceinte, sauf dans la partie supérieure. Une toile hémisphérique, fortement éclairée au dehors et piquée de petits trous, y représentait, avec un admirable effet d'éloignement, le magnifique spectacle d'une nuit étoilée. Les planètes et les principales constellations y étaient figurées avec leurs noms en lettres transparentes. Inutile d'ajouter que le tableau était changé tous les six mois, pour représenter les deux hémisphères du ciel.

Comme nous sortions des muséums de Vénusia, je demandai à voir la Bourse.

— Nous avons supprimé, dit Mélino, toutes les maisons de jeu et, en première ligne, la Bourse la plus dangereuse, et selon moi la plus digne de réprobation. Dans les autres, en effet, les chances étaient égales pour tous, le hasard seul présidait au destin de la partie et réparait souvent le lendemain le désastre de la veille. A la Bourse, au contraire, il y avait le camp des dupes et le camp des fripons. Celui-ci était de beaucoup moins nombreux que l'autre, mais il suffisait malheureusement de quelques gros requins de la finance pour absorber des bancs entiers de petits capitalistes. La fleur si délicate de la probité se fanait vite dans ce milieu délétère, et les spéculateurs les plus honnêtes n'étaient pas eux-mêmes exempts de tout blâme, car l'acheteur jouant à la différence, conjecturait évidemment que, pour des raisons ignorées ou faussement appréciées par le vendeur, les actions qu'il lui prenait hausseraient avant la liquidation; le vendeur faisait un calcul inverse, mais qui n'était pas plus scrupuleux; bref, chacun spéculait sur la sottise présumée de son partenaire, et consumait sa vie à combiner de tortueuses opérations pour s'emparer subtilement de l'argent d'autrui.

— Mais alors comment s'y prend-on ici quand on veut acheter des actions de telle ou telle société?

— Comme vous vous y prenez lorsque, voulant du pain, vous allez chez le boulanger. Nous nous adressons au siége même de la compagnie, et s'il y a des actions à placer ou à vendre, nous devenons des actionnaires sérieux et non d'avides agioteurs.

J'avoue que je ne regrettai pas beaucoup pour les Vénusiens l'absence d'une Halle aux titres, car à mes yeux :

> Le bois le plus funeste et le moins fréquenté
> Est, au prix de la Bourse, un lieu de sûreté.

XIII

PALAIS DE JUSTICE — CHAMBRE REPRÉSENTATIVE. — ASSEMBLÉES CIVIQUES. — ASSOCIATIONS.

Nous passâmes ensuite devant un immense palais que dominait une magnifique statue. Mélino me dit que c'était celle de la Justice. Je ne l'eusse certes jamais reconnue, attendu qu'elle ne ressemblait pas du tout à notre dame Justice que nous représentons assez étrangement une balance à la main, et un bandeau sur les yeux, ce qui doit compromettre gravement l'usage de la balance.

Comme nous entrions dans l'édifice, je manifestai

à Mélino mon étonnement de ne voir personne en costume professionnel,

— Comment! me dit-il, chez vous, les gens de justice ont un costume?

— Très-complet et très-lugubre, je vous assure. Dès qu'ils entrent au palais, ils se glissent dans un long fourreau d'étoffe noire ne laissant voir que leur tête couronnée d'une toque, qui s'épanouit comme une fleur noire sur un calice jaune. Une vaste salle, appelée la salle des Pas-Perdus, mais où il se perd encore plus de paroles que de pas, est réservée à leurs promenades et à leurs causeries. C'est l'immense ruche où s'agite et bourdonne ce noir essaim. Plusieurs se montrent affaissés sous le poids de nombreux dossiers, mais, le plus souvent, ils sont moins chargés d'affaires que de papier, la plupart des dossiers qui gonflent leurs serviettes appartenant à des procès jugés depuis longtemps. Entre tous, les avocats se distinguent par la turbulence de leurs allures et l'activité fébrile de leur démarche: ils vont, viennent, courent, s'agitent et surtout pérorent. On dirait qu'ils sont piqués de la tarentule oratoire, ou que la vilaine robe qui les couvre a le magique pouvoir de leur communiquer l'ivresse du bavardage. Ceux qui sont privés de plaider devant un tribunal, et particulièrement les plus jeunes, qui ont toute l'ardeur du noviciat mais généralement plus de prétention que de clientèle, causent et discutent dans la grande salle, à la bibliothèque, dans les couloirs, partout, en un mot où ils peuvent former un groupe de deux ou trois... ils ne sauraient être davantage : lorsqu'ils sont trois, il y en a déjà deux qui parlent à la fois.

« Quant à ceux qui ont la chance de plaider, ils s'en donnent à cœur joie, et trouvent moyen de parler pendant deux heures dans une affaire qu'on pourrait expliquer en vingt minutes. Les causes qu'ils défendent sont souvent contradictoires, seule l'ardeur de leur conviction ne varie jamais. Je les appellerais volontiers des condensateurs d'éloquence, qui, sur une question en litige, s'électrisent *positivement* ou *négativement*, selon qu'ils ont été mis en communication avec le demandeur ou avec le défendeur; et, comme il arrive à l'égard de la bouteille de Leyde, cet autre condensateur, l'or joue un grand rôle pour accroître leur énergie.

« Fréquemment, ils croient devoir s'irriter, s'indigner, et alors il faut les voir crier et tempêter! c'est une véritable éruption oratoire : tantôt leur poing crispé frappe la barre, tantôt leurs deux bras s'élèvent et déploient la large envergure de leurs manches comme des ailes de chauve-souris; puis, après toutes ces véhémences, l'orateur tombe sur son siége comme une fusée éteinte... et perd son procès, car c'est surtout quand la cause est mauvaise qu'il fait de plus violents efforts d'éloquence.

Les avocats de Vénusia sont exempts cette faconde énervante. Tout est simple et sommaire dans les contestations judiciaires. Les procès n'y subissent jamais, comme en nos tribunaux, les lenteurs de renvois indéfinis et les ruineuses formalités d'une procédure interminable. Ils sont aussi bien moins nombreux, attendu que, tous les vingt ans, les codes sont révisés et complétés sur les points que n'avaient pas prévus les premiers législateurs, et à l'égard desquels la jurisprudence a eu sujet de se prononcer. Par là, le cercle des questions litigieuses se retrécit incessamment et les chances de procès sont d'autant diminuées.

Nous pénétrâmes dans la salle où se jugeaient les affaires criminelles. Je croyais qu'en franchissant le seuil, j'allais avoir cette perspective d'un président tout flamboyant de rouge escorté de deux juges noirs, qui forme l'immuable décor de fond de nos cours d'assises; mais président et juges n'étaient pas plus costumés qu'avoués et avocats.

On ne voyait pas non plus au milieu du prétoire

ces groupes élégants de dames du monde qui viennent à nos cours d'assises montrer des toilettes, croquer des pastilles, respirer des sels, et lorgner accusés, témoins et avocats, — notamment les plus jeunes.

Le président interrogea l'accusé avec simplicité et bienveillance, se gardant bien de proférer aucune de ces boutades ironiques ou de ces invectives qu'on doit toujours épargner à un homme qui ne peut se venger, et qui, jusqu'à l'issue du procès, doit être présumé innocent.

Les témoins furent ensuite entendus. Au lieu de lespresser de questions, on leur laissait pleinement le soin et le loisir de raconter ce qu'ils savaient de l'affaire. De cette façon, le jury pouvait juger pleinement du degré de passion apporté par chacun d'eux dans sa déposition, et les détails de ces récits tout spontanés lui donnaient du procès une physionomie bien plus vraie que ces réponses par *oui* et par *non* que nécessitent des questions trop multipliées.

J'admirai surtout la parfaite impartialité du président qui, dans tout le cours du procès, ne montra ni condescendance pour l'accusation ni faiblesse pour les intérêts de la défense.

Le réquisitoire et la plaidoirie, que d'une part

cette sage façon de conduire l'instruction et de l'autre, l'esprit éclairé des témoins et du jury, rendaient presque inutiles, furent remarquablement simples et brefs.

— Nos orateurs de cours d'assises sont autrement prolixes, dis-je à mon hôte, et la discussion leur sert de thème complaisant à une foule de digressions ingénieuses, de mots à effet et de périodes retentissantes, qui visent bien moins à convaincre le jury qu'à émerveiller la foule. C'est une sorte de tournoi oratoire, dans lequel les champions paradent avec éclat, mais non toutefois sans échanger force compliments, et quitter tour à tour la lance pour prendre l'encensoir, dont ils se partagent libéralement les parfums.

— Je vois, observa Mélino, d'après ce que vous m'avez conté de vos palais de justice et de toutes vos institutions, que les Terriens aiment démesurément à pérorer et à déployer toutes les pompes de la rhétorique. Nous avons bien aussi à Vénusia de nombreuses assemblées, mais nous détestons les grandes phrases, les grands gestes et les longs discours. Pour que vous en jugiez vous-même, je vous conduirai, si vous voulez bien, à la séance de notre assemblée représentative.

L'enceinte du Palais Législatif était fort vaste, chaque nuance d'opinion, chaque intérêt, s'y trouvant représentés. Les membres de cette assemblée avaient éte nommés par le suffrage universel des Vénusiens et des Vénusiennes, et sans présentation de candidats par aucun parti, par aucun comité — intervention dont le premier résultat est de changer l'élection directe en élection à deux degrés, sans offrir les garanties de celle-ci, car alors l'élu du premier degré n'émane plus du suffrage universel.

Au centre de l'hémicycle s'élevait la tribune, et, au-dessus d'elle, comme ses collègues de la Terre — le président trônait dans son fauteuil,

Et faisait sonner sa sonnette.

Dès que la discussion fut ouverte, je reconnus l'exactitude de ce que m'avait annoncé Mélino. Rien de moins prétentieux que l'éloquence vénusienne : pas de hors-d'œuvre, pas de déclamations irritées, pas de ces ardentes mais inutiles récriminations qui ne prouvent que les animosités personnelles de l'orateur : les discours étaient calmes, clairs, substantiels. J'ajouterai qu'en cette assemblée, chacun parlait à son tour, — ce qui la distinguait éminemment des assemblées de notre planète. — Jamais non plus, la discussion n'était troublée par ces exclamations d'enthousiasme ou d'indignation plus ou moins factices,ces explosions d'interruptions passionnées, ce bruyant cliquetis de couteaux à papier, poignardant avec rage un innocent pupitre, bref, tous ces tumultes orageux qui affligent si souvent nos séances parlementaires, et, pendant lesquels, la sonnette du président s'agite éperdue, avec des tintements d'alarme, comme la cloche monastique du Saint-Bernard quand gronde une tourmente. On écoutait avec le désir sincère de s'éclairer, et sans résolution arrêtée d'avance.

Ce n'est guère, il est vrai, l'esprit de nos assemblées soi-disant délibérantes, et qui seraient mieux nommées assemblées belligérantes, car leur premier caractère est moins la méditation que la lutte, chacun des soldats parlementaires qui la composent ne s'inquiétant généralement que d'une seule chose : savoir si la proposition discutée émane ou non du camp de son parti, afin de voter pour ou contre, suivant cette origine, et cela sans vouloir, comme Thomas Diafoirus, « rien écouter ni comprendre » en faveur de la proposition contraire. On ne pèse pas les arguments pour se décider d'après leur valeur, on se borne à faire éclater des applaudissments ou des interruptions selon qu'on est ou qu'on n'est pas de la coterie représentée par l'orateur, et c'est ainsi qu'il n'y a rien d'inutile comme ces flots d'éloquence qui grondent et glissent sans entraîner aucune conviction, comme ces longs et chaleureux discours qui ont la prétention de convaincre des gens qui ne veulent pas être persuadés.

L'assemblée vénusienne était exempte de tous ces partis pris des ambitions satisfaites et des ambitions à satisfaire. L'auditoire écoutait avec une attention calme et consciencieuse. Je n'ai pas besoin d'ajouter qu'il examinait les propositions en elles-mêmes sans s'inquiéter le moins du monde si l'initiative en était dûe à tel ou tel personnage. Est-ce que le fruit qui mûrit au soleil s'inquiète de savoir si les rayons dont il reçoit la bienfaisante influence viennent de l'est ou du couchant? il profite de tous, et se développe plus vite et bien mieux.

Quoique dans la séance à laquelle j'assistai on ne s'occupât que d'une discussion d'affaires, j'observai que tous les représentants s'y étaient rendus avec cette exactitude qui est la politesse des rois et la probité des mandataires. Chez nous, hélas! on n'est guère assidu et attentif qu'aux séances où les coryphées des partis tiennent la scène, et se mettent réciproquement en cause. Hors de là, point d'intérêt: l'hémicycle zébré de banquettes offre partout des vides affligeants, et les quelques députés présents vont, viennent, causent et rient, comme des écoliers dans une salle de récréation. C'est ainsi que chaque session ressemble assez au feu d'artifice de nos fêtes nationales, où l'on n'admire généralement que deux pièces : le palais de feu et le bouquet. La discussion de l'adresse représente la première et la discussion du budget le bouquet de la fin. Et ne peut-on ajouter que, dans les deux cas, ce ne sont le plus souvent que des feux qui brillent d'un vif éclat sans communiquer leur chaleur, des pétards qui détonnent sans rien détruire, et que le tout se dissipe en vaine fumée ?

L'assemblée représentative de Vénusia n'était pas la seule où l'on s'occupât de politique, et Mélino me conduisit à d'autres réunions où l'on étudiait aussi les questions d'intérêt général, et où l'on discutait des propositions pour les présenter, en cas d'adoption, à l'Assemblée représentative ; mais, loin de ressembler à certains clubs de république trop jeune, où nous avons vu chaque assistant ne considérer la liberté de discussion que comme le privilége d'acclamer les hommes de son parti et d'invectiver les autres, ces conférences étaient, comme les séances législatives, remarquables par le sentiment d'admirable impartialité qu'y apportaient tous les membres, écoutant chaque orateur avec une égale bienveillance, ne demandant que la lumière et la vérité, plus heureux enfin et plus reconnaissants d'entendre une argumentation qui rectifiait une erreur ou dissipait une illusion de leur esprit, que d'applaudir l'éclat et la véhémence de quelques déclamations flattant leurs passions ou leurs intérêts.

Ces réunions civiques sont considérées comme sans péril, et le gouvernement n'y voit aucun sujet d'inquiétude et d'alarme, car il n'a à lutter contre l'hostilité patente ou secrète d'aucun parti.

Au bout de quelques pas, nous aperçûmes un vaste établissement d'où nous vîmes sortir quelques Vénusiennes portant à la main, les unes des coiffures et des vêtements d'hommes, les autres des tableaux, des sculptures, etc.

Mélino me dit que c'était des coiffeuses, des tailleuses, des artistes.

— Dans nos contrées, lui fis-je observer, les femmes se renferment en général dans les travaux d'aiguille.

— Pourquoi donc les exclure d'une foule de professions qui n'exigent pas une force virile et qu'elles rempliraient à merveille? Nous avons des tailleuses, des chapelières, des employées de bureau, de magasin; des femmes qui pratiquent le droit, la médecine... Vous riez, mais demandez-vous plutôt pour quelle raison il n'en serait pas ainsi. Restreindre les occupations honnêtes qu'elles peuvent aborder à de simples travaux de couture, qui sont si peu lucratifs et que l'invention des machines à coudre achève de déprécier, n'est-ce pas les obliger à demander au vice le pain que le travail ne peut leur donner? Pour celles-mêmes qui sont à l'abri du besoin, la longue oisiveté dans laquelle on les relègue n'a-t-elle pas ses périls, et ne laisse-t-on pas ainsi leur esprit prendre trop souvent la volée vers les tièdes et fiévreuses régions de la rêverie sentimentale? Sous un autre point de vue, n'est-il pas un peu blessant pour leur dignité de déclarer presque toutes les professions inaccessibles à leur capacité, comme si leur aptitude manuelle ne pouvait s'élever au-dessus de quelques travaux de tapisserie, et leur intelligence au-dessus d'un caquetage futile sur les ridicules de leurs amies et les prescriptions de la mode nouvelle?

Comme il me parlait ainsi, je vis un certain nombre d'ouvriers sortir du même établissement.

— Ah ça! lui dis-je, c'est donc une ruche de travailleurs et de travailleuses?

— Précisément.

— Nous avons aussi, dans notre nation, des manufactures où se rendent de nombreux ouvriers pour le compte d'un patron, mais les sexes y sont rarement confondus.

— Ici, ils ne le sont jamais dans un même atelier. Il n'y a pas non plus de patron : chacun travaille pour son compte, et travaille ainsi avec plus de plaisir, d'ardeur et de profit. L'association fournit les capitaux nécessaires, et la vie en commun économise bien des dépenses.

— Sur notre globe, si les ouvriers travaillent en commun, ils demeurent dans leurs familles.

— C'est-à-dire qu'ils y rentrent le soir, et qu'ils passent la journée entière à l'atelier. Or, avouez que là, ces agglomérations de jeunes gens ou de jeunes femmes, quelquefois des deux sexes ensemble, ont pour inévitable effet d'affaiblir en eux l'esprit de famille, et de les corrompre par la contagion du plaisir et du vice, qui se communique hélas! beaucoup plus facilement que celle du travail et de la vertu. Ici, chaque famille a son logement dans l'établissement même, et, sauf pour quelques occupations exceptionnelles, chacun travaille dans sa famille.

10.

C'est là du moins que se prennent les récréations et les repas. Seulement, la cuisine est faite en commun, et l'on a ainsi une nourriture bien plus économique et plus saine que lorsqu'on est obligé de tout acheter en détail.

Je remarquai l'allure robuste et dégagée des ouvriers. Aucun d'eux n'avait ce teint hâve et plombé, ces yeux caves, ces mains calleuses, ce dos voûté, tristes résultats de travaux pénibles ou délétères.

Mélino me conta que ces graves inconvénients subsistaient jadis, mais qu'ils avaient disparu par suite de nombreuses inventions qui ont épargné à l'homme ce que les travaux matériels présentent de plus fatigant et de plus dangereux.

— Pour la plupart de ces travaux, ajouta-t-il, le Vénusien les fait exécuter par les muscles d'acier des machines, et se contente de les diriger, comme il convient à un être avant tout intelligent. Cet heureux progrès a été rapidement atteint, grâce aux magnifiques encouragements que nous avons prodigués aux inventeurs.

— Chez nous, répondis-je, loin d'aider les inventeurs, qui n'ont pas toujours assez de fortune pour faire les frais d'un essai, nous commençons par les punir d'une amende, déguisée sous le nom de *droit de brevet*, amende qui se renouvelle chaque année, à moins qu'ils ne renoncent à leur idée. C'est notre façon de les encourager. Aussi meurent-ils le plus souvent à la peine, et ne jouit-on de leurs inventions que longtemps après eux.

XIV

L'ÉDUCATION VÉNUSIENNE.

Au bout de notre promenade, et comme nous nous rapprochions de la maison de Mélino, je remarquai trois ou quatre bâtiments d'architecture gracieuse, s'élevant chacun dans un bouquet d'arbres, au milieu d'un beau parc.

Mélino me dit que c'était un lycée.

— Un lycée! m'écriai-je stupéfait. Chez nous, les lycées ou les couvents de jeunes filles sont d'énormes bâtisses lourdes, austères, partout entourées de grilles serrées et de hautes murailles.

— Mais ce sont alors des maisons de détention et non d'éducation que vous avez là ! Comment voulez-vous que des enfants puissent s'y plaire et s'y développer, alors qu'à cet âge où ils ont tant besoin d'air, de lumière, d'expansion et de liberté, vous les enserrez dans l'enceinte étouffante et sombre de cours hérissées de grands murs et destinées à ce que vous appelez leurs *récréations* ; tandis que, pour le temps réservé au travail, vous les entassez dans de grands bâtiments agglomérés ensemble, tristes, obscurs et mal aérés ?

— Aussi, lui dis-je, cherchent-ils souvent à s'échapper pour aller aux champs, et faire ce que nous appelons l'école buissonnière.

— De quoi je les excuse grandement, car ils cèdent à un besoin de leur nature, auquel nous donnons, au contraire, pleine satisfaction. Nos enfants, vous le voyez, jouent dans les jardins, dans les bosquets, et ne sont nullement tentés de faire l'école buissonnière : ils ont si près d'eux les buissons, — et même les roses !

Puisque le hasard, ajouta Mélino, nous a conduits auprès de cet établissement, nous irons nous y reposer un instant, si vous voulez bien. J'ai à parler à un de mes anciens amis, professeur de sciences, pour le prier d'assister à une soirée que je donne dans trois jours, et à laquelle je n'ai pas besoin, mon cher hôte, de vous dire que vous êtes convié d'avance.

Nous entrâmes. Mélino demanda le professeur Podélos; on lui répondit qu'il faisait son cours à ce moment, mais qu'il serait bientôt libre, et nous fûmes conduits au parloir.

Ce parloir n'était pas ce sombre et froid salon, entouré de dures banquettes, où nos collégiens sont admis à voir leur famille; c'était encore moins ce couloir monastique bordé d'une double grille, à travers laquelle, dans certains couvents, on daigne permettre aux parents de voir leur enfant, comme ils verraient dans une ménagerie quelque animal dangereux; — touchante façon de favoriser les douces expansions de famille! Le parloir de l'établissement vénusien était une sorte de jardin anglais avec des siéges sous les bosquets.

Nous prîmes place à l'ombre d'une charmille qui arrondissait sur notre tête un frais berceau de verdure et de fleurs.

Mélino me demanda quel était, en général, le système d'éducation adopté dans nos institutions. Je satisfis sa curiosité; et il me répliqua en ces termes :

— A Vénusia, nous envisageons autrement, sous beaucoup de rapports, l'éducation des enfants, éducation que nous avons en grande sollicitude, car, un jour, ces enfants seront des hommes qui vaudront ce qu'on les aura faits, soit dans leurs familles, soit au collége. Dans vos contrées, il semble que les parents considèrent d'abord leur enfant comme un charmant hochet : ils l'affublent de costumes de fantaisie, pour lesquels ils consultent leur goût, bon ou mauvais; ils le font chanter, danser, — et, dans certains moments de liesse paternelle, on ne craint même pas de faire répéter, par sa douce voix et ses mignonnes lèvres roses, de vilains mots ou des jurons sonores, — en quoi l'on se figure amuser beaucoup l'enfant, sans songer qu'on ne s'amuse que soi-même, et qu'on ne fait que tourmenter cette pauvre petite créature, dont on profane ainsi la naïveté et la candeur. Puis, toujours préoccupés de la satisfaction que la beauté de leur progéniture peut donner à leur vanité, les parents cherchent moins à former l'âme de leurs enfants aux bons instincts qu'à leur enseigner la grâce du corps et la gentillesse du geste et du sourire. On repoussera parfois l'importunité de leurs caresses, mais on s'extasiera sur leur vivacité et leur mutinerie : de là, tant de petites filles coquettes et de gamins gâtés, fantasques, volontaires, que les parents trouvent adorables, et les étrangers parfaitement insupportables.

« Et quand vient pour eux le moment d'apprendre, vous changez brusquement de système, et, après toutes ces mignardès gâteries auxquelles vous les avez habitués, vous exigez tout à coup une soumission absolue. A vos yeux, l'idéal de la perfection pour un enfant c'est d'être obéissant et surtout de ne jamais *raisonner!* Sur ce point, je me demande pour quel motif un père ou un précepteur se courroucent si fort quand ils voient un enfant vouloir prouver qu'il a raison. D'abord, cela peut arriver quelquefois ; et, dans le cas contraire, ne vaudrait-il pas mieux lui laisser expliquer les motifs de sa protestation, et l'éclairer sur les torts qu'il peut avoir? Mais on préfère se donner la satisfaction vaniteuse du despotisme ; on exige une obéissance muette, on substitue à la soumission volontaire et réfléchie qui a la conscience du devoir qu'elle remplit, l'obéissance passive qui exécute aveuglément tout ce qu'on lui ordonne. Triste servitude qui avilit et dispose à accepter avec une facilité funeste les autres servitudes de la vie, car le caractère ainsi maté dès le principe, devient incapable de toute fermeté et de toute résistance, comme un ressort faussé par une compression trop violente et trop prolongée. Obéissance sanctionnée par le châtiment, c'est-à-dire arbitraire dans les prescriptions et arbitraire dans les punitions, voilà ce que vous leur imposez, et comment vous les façonnez à la raison, à la dignité, à l'indépendance ! Ne voyez-vous pas d'ailleurs qu'inciter à faire le bien par crainte d'un châtiment, c'est ôter à la bonne conduite tout son mérite, et l'abaisser au niveau d'un égoïsme bien entendu ? Dangereux système d'ailleurs que celui qui consiste à considérer avant tout la conséquence, au point de vue de l'intérêt, de telle ou telle façon d'agir ; car il peut entraîner à de tristes défections le jour où, perdant la crainte du châtiment, on pourra croire plus utile de pratiquer le vice que la vertu.

« Nous préférons développer chez nos enfants ces germes si précieux de la notion du bien et du mal, que nous apportons tous dans le sanctuaire de notre conscience, et les disposer à écouter cette voix sainte, qui est celle de Dieu même et qu'il ne fait entendre qu'à l'homme seul : la voix du devoir. Nous nous occupons d'abord à former le cœur, — qui vaut mieux que l'esprit, — et à leur inculquer non de vaines formules abstraites, dogmatiques, qui ne représentent pour eux que des mots, mais ces beaux et grands sentiments qui font l'honneur de l'âme humaine : la tendresse filiale et fraternelle, la reconnaissance, l'amour de Dieu et des hommes, la haine inflexible du mensonge — auquel l'enfance à tant de propension, — et de tout ce qui est bas et déloyal. Certes, ce n'est pas nous qui, comme certains chefs d'institution de votre planète, récompenserions les élèves qui traîtreusement viendraient nous dénoncer leurs camarades; et si jamais quelque professeur sournois s'avisait de souiller par ces félonies jésuitiques les âmes candides confiées à ses soins, nous l'expulserions immédiatement avec un profond dégoût.

« Telles sont les différences de notre enseignement avec le vôtre pour l'éducation morale, la plus importante de toutes.

« Quant à l'instruction proprement dite, notre méthode ne ressemble pas davantage à celle que vous avez adoptée. Vous commencez par apprendre à l'enfant, ou plutôt par croire lui apprendre ce qu'il y a de plus difficile au monde, ce que vous déclarez vous-même incompréhensible : les mystères de la religion en honneur dans le pays où il est né, puis les règles innombrables et purement abstraites de votre grammaire, enfin les principes et les difficultés de langues que personne ne parle. C'est ainsi que par des études arides, au-dessus de sa portée, vous éteignez en lui ce désir de s'instruire, qui est pourtant inné chez l'homme et qui fait sa grandeur. Offrir de pareils aliments à la faible intelligence des enfants, n'est-ce pas comme si, dès le berceau, on chargeait de grosses viandes leur estomac débile au lieu de l'arroser de lait et de bouillie? Leur esprit se rebute d'une alimentation aussi indigeste, et se sent pénétré du dégoût d'apprendre, comme l'estomac est saisi d'aversion pour un mets qui l'a fatigué.

«Nous, au contraire, nous ménageons, avec la sollicitude la plus attentive, les forces naissantes de l'enfant, et nous proportionnons notre enseignement au développement graduel de son intelligence. Son attention s'attachant plutôt à ce qui frappe les sens qu'aux formules et aux généralisations, c'est pour lui expliquer ce qu'il voit et ce qu'il touche que nous nous attachons à commencer son éducation; nous lui apprenons, par exemple, comment se font les étoffes qu'il porte, nous lui montrons, sur place, comment s'engendre et grossit un arbre, et s'il en tombe un fruit ou une feuille, nous lui disons que c'est en vertu de l'attraction mutuelle des corps. Quant aux détails, à la marche de la séve dans les diverses plantes, à la loi mathématique des attractions, nous en réservons l'explication pour un enseignement ultérieur. Ce qui nous paraît le plus important d'abord, c'est de lui donner des notions très-élémentaires mais très-exactes, c'est d'habituer de bonne heure son esprit à bien saisir ce qu'on lui enseigne et à marcher, non dans les nébulosités des mystères et des abstractions, mais dans le sentier ferme et lumineux de la verité.

« Guidés encore par le même principe, nous nous gardons bien d'apaiser la première soif de son imagination en lui contant d'absurdes histoires de princes, et de princesses, dont les amours vagabondes sont favorisées par la protection de bonnes fées et contrariées par la malveillance des méchants génies ou la tyrannie des grands parents. Au lieu de ces contes fantastiques, peu faits assurément pour l'initier à l'amour filial, — sinon à tout autre, — nous lui faisons le récit de touchantes aventures de bonté, de reconnaissance, de dévouement, et nous tâchons ainsi de former son cœur en intéressant son esprit.

« Dès qu'il commence à savoir déchiffrer quelques mots, nous lui faisons lire des historiettes de ce genre, au lieu de les lui conter. Et, afin qu'elles présentent plus d'attrait, de jolies vignettes sont mêlées au récit, si bien que souvent, pour comprendre l'image, l'enfant lit le livre. Tout en trouvant dans ce divertissement le plaisir de la curiosité satisfaite et l'aliment d'une saine morale, il y perçoit instinctivement la connaissance pratique du mécanisme de la phrase, de la liaison des idées, du style et de l'orthographe. Plus tard, fortifié par ces notions préliminaires de l'expérience et par le développement qu'il aura reçu du temps, son esprit comprendra bien plus aisément les principes abstraits de la syntaxe. Ne commence-t-on pas par gesticuler et marcher, avant d'étudier l'anatomie des muscles et les fonctions du système nerveux qui les met en mouvement?

« Avec les livres à images, nous mettons entre les mains des enfants des tables chronologiques et des cartes géographiques, imprimées sur des cartons découpés d'une façon bizarre, dont nous brouillons les nombreux fragments pour qu'ils s'évertuent à les recomposer ensuite, travail excellent qui exerce leur mémoire, leur intelligence et qui a pour eux l'attrait d'une récréation et d'un jeu.

« Plus tard, quand nous leur faisons étudier nos meilleurs auteurs, nous employons pour initier leur esprit au goût du beau, le même système que nous avions mis en œuvre pour développer dans leur cœur le goût du bon et du juste (deux éducations qui, si elles diffèrent par leur objet, se complètent et se fortifient l'une par l'autre) : nous nous adressons à l'intelligence plutôt qu'à la mémoire. Dans vos institutions, vous leur faites apprendre par cœur une énorme quantité de vers et de prose des auteurs les plus différents. Par malheur, tout cela traverse leur esprit comme une cargaison de sucre traverse la mer, fatiguant les flots sans y laisser ni trace ni saveur. Nous avons en horreur cette récitation machinale, ce *perroquétisme*, permettez-moi l'expression, dont vous abusez tant dans vos colléges. Nous préférons de beaucoup que l'élève, au lieu de disséminer son attention sur une infinité d'ouvrages, se pénètre à fond d'un petit nombre, en les soumettant à une analyse détaillée. Et, pour ce travail, nous n'imitons pas certains professeurs qui se complaisent dans l'enseignement doctoral, souvent sans doute très-érudit, très-disert, mais rarement écouté par l'élève dont l'attention papillonne sans cesse sur mille objets divers ; nous exigeons de lui, non pas qu'il retienne des observations toutes faites, mais qu'il les fasse lui-même : nous lui demandons ce qu'il pense de telle expression, de tel sentiment, de telle période ; nous lui faisons composer sur un morceau littéraire et même sur un ouvrage entier, un examen raisonné, sauf à redresser ensuite ce que son jugement peut avoir de défectueux.

« Ces ouvrages commentés par l'élève ne sont pas uniquement ceux des auteurs anciens, nous mettons aussi entre ses mains, soit dans les classes, soit surtout dans les distributions de prix, quelques livres remarquables des auteurs vivants, qui, comme je vous l'ai fait observer à propos du théâtre, s'inspirant des préoccupations du moment, ont par là-même un vif attrait d'à-propos. J'ajoute que, si ce partage ne donne pas aux éditeurs des auteurs morts le facile moyen qu'ils ont chez vous de faire des fortunes princières, il a du moins l'avantage de permettre de vivre aux auteurs contemporains — qui sont peut-être bien dignes de quelque intérêt.

« La classe de rhétorique est supprimée dans nos lycées. N'avons-nous pas assez de penchant à prostituer la parole à la défense des thèses les plus fausses et des causes les plus injustes, quand notre intérêt ou celui de notre parti s'y trouve attaché? Quelle gloire légitime, quel progrès social, n'a-t-on pas attaqués ; quelle doctrine perverse, qu'elle palinodie scandaleuse, quel acte coupable, n'a-t-on pas défendus, réhabilités, glorifiés? Et qu'est-il besoin encore d'enseigner à des enfants un *art* qui, développant en eux cette funeste tendance, les excite à préférer le faux éclat du langage et les artifices de la discussion à l'expression simple et nette d'une sincère conviction.

« Quant à l'enseignement de l'histoire, il ne se borne pas, dans nos colléges, à une froide nomenclature des innombrables souverains qui se sont succédé dans les divers pays, et des faits plus ou moins remarquables de leurs règnes : le professeur donne à ses élèves des aperçus généraux et sommaires sur les périodes qui ne renferment que d'arides détails, et il leur signale spécialement les époques brillantes, les faits culminants et les grands personnages, s'attachant surtout à montrer l'influence de ces faits et de ces personnages sur les événements ultérieurs et sur la marche générale de l'humanité. Il accorde aussi une grande importance à la moralité de l'histoire, c'est-à-dire aux sentiments que doivent inspirer les actes d'ambition ou de dévouement, de tyrannie ou de civisme, de fanatisme ou de tolérance. Ce n'est pas lui qui, venant en aide à ce déplorable scepticisme, mortel oïdium des peuples qu'il étouffe et qu'il corrompt, enseignerait qu'il y a en ce monde deux morales : l'une pour les hauts faits des grands politiques et l'autre à l'usage des simples braves gens ; il proclame au contraire bien haut qu'il n'y a qu'une seule morale comme il n'y a qu'une seule conscience, et, soumettant chaque fait de l'histoire au contrôle inflexible de cette conscience universelle, il forme ainsi bien moins de vains érudits que des hommes honnêtes et de bons citoyens.

« Peut-être, d'après l'exposé que vous m'avez retracé, passez-vous trop légèrement sur ce côté moral des événements et des institutions, pour ne mettre en relief que le côté brillant, et appeler l'admiration sur les grands conquérants et les grands chefs de parti. En inspirant ainsi aux élèves l'amour de la gloire et des hautes positions, vous compromettez non-seulement leur bonheur, car tout le secret du bonheur est dans la modération des désirs, mais le bonheur de ceux qui les entourent, rien au monde n'étant plus insupportable que la société habituelle de ces esprits ambitieux, beaucoup moins satisfaits de leurs succès qu'aigris de leurs déceptions, et cruellement tourmentés des obsessions d'une vanité toujours inquiète, toujours inassouvie.

« J'ajouterai que nos professeurs prodiguent indistinctement leurs soins à tous les élèves et non de préférence à ceux que la nature a le plus libéralement doués d'intelligence, et auxquels, pour ce motif, le secours de leurs leçons et de leurs encouragements serait moins indispensable.

« Malheureusement, dans la plupart de vos grandes institutions, on s'occupe avant tout des concours généraux, et, pour y obtenir de glorieuses primes, on s'évertue à *faire des élèves ;* on nourrit celui-ci de grec, celui-là de latin, cet autre d'algèbre, etc. Puis, a lieu la distribution solennelle des récompenses, et ces remarquables étalons en langues mortes ou en mathématiques y gagnent de superbes réclames à ceux qui les ont si bien dressés. C'est fort beau et fort glorieux sans doute !... Seulement, une fois entrés dans le monde, vos lauréats tant applaudis ne doivent pas y faire plus brillante figure que des virtuoses à qui l'on n'aurait appris qu'une seule note. Jamais une seule institution de Vénusia n'a, pour un vil intérêt de boutique, substitué ainsi à l'éducation en vue de la société l'élevage en vue d'un concours.

« Le droit et la médecine sont enseignés dans nos lycées aux élèves qui se destinent à la carrière médicale ou judiciaire. Nous ne nous trouvons pas ainsi dans la nécessité d'envoyer nos jeunes gens au loin, et, sans parler de bien d'autres inconvénients, nous sommes sûrs au moins qu'ils suivent les cours et qu'ils travaillent quelque peu. Il est vrai que nous n'augmentons pas comme à plaisir les rebutantes difficultés de leur tâche, et que nous ne songerions jamais à leur imposer, comme en vos écoles de droit, le luxe d'apprendre une législation éteinte depuis des siècles, étude aussi péniblement aride que parfaitement inutile, qui ne peut que glacer leur zèle déjà bien peu ardent pour les matières juridiques, et redoubler la confusion d'une science qui certes n'a jamais brillé par la clarté.

« Les récréations si nécessaires au développement du corps et au repos de l'esprit sont longues et fréquentes dans nos maisons d'éducation. Nous convions notamment les élèves aux divertissements gymnastiques et aux jeux de combinaisons qui exercent agréablement la sagacité. Mais nous proscrivons sévèrement ces vexactions entre camarades, ces *brimades* ineptes que les plus éventés, les plus méchants et les plus sots font subir aux plus réfléchis, aux plus timides et aux plus intelligents. Il est inconcevable que, dans vos lycées et même dans vos écoles militaires, les chefs donnent le champ libre à ces persécutions stupides et plus cruelles qu'il ne semble peut-être d'abord, car l'intensité des émotions depend beaucoup de l'âge et du tempérament, et telle tracasserie qui fait sourire un homme, est un véritable supplice pour la sensibilité vierge et délicate de l'enfant.

« Aussi, sommes-nous très-circonspects dans les punitions que nous lui infligeons. C'est surtout par le désir de l'éloge et l'attrait des récompenses plutôt que par la pression d'une sévérité impérieuse que nous nous efforçons de le dominer. Si pourtant le châtiment devient indispensable, nous l'exerçons avec une modération extrême, et nous nous gardons surtout d'infliger aucune punition corporelle, de tirer les oreilles — déjà trop longues — des ignorants, de les frapper, les faire mettre à genoux, toutes rigueurs qui avilissent le caractère, obscurissent l'entendement, et nuisent parfois à la santé des élèves.

« Nous ne leur imposons pas non plus ces longs et affreux griffonnages que vous appeler des *pensums*, et qui consistent généralement en quelques centaines de vers machinalement copiés ou en un seul identiquement répété. Nous aimons mieux que les punitions aient un autre effet que de fatiguer leurs doigts à noircir du papier, et quelles tournent au profit de leur mémoire, de leur intelligence et de leur style. Dans ce but, nous leur donnons à apprendre un certain nombre de pages d'un bon auteur et à faire l'analyse des beautés qu'elles renferment,

« Du reste, nous prenons soin d'appliquer de bonne heure nos enfants au genre d'études pour lequel ils ont le plus de goût. Nous estimons qu'en pareil cas, la propension est l'indice de l'aptitude, et cet instinct providentiel est tenu chez nous en très-grand compte pour donner à l'élève l'instruction spéciale à la profession qu'il affectionne.

« Le choix de ces professions est fort vaste, puisque, ainsi que je vous l'ai dit, toutes obtiennent ici une considération égale. Dans vos sociétés, outre cette funeste hiérarchie de prétendu *rang social*, que vous établissez entre les divers états, et, qui jusqu'à ce qu'elle ait disparu, sera le perpétuel sujet de sourdes jalousies et de révolutions sanglantes, outre cet injuste discrédit que vos mœurs font peser sur les professions manuelles, vous faites encore un triage parmi les autres et vous affichez, tour à tour, pour certaines d'entr'elles un engouement si vif que chacun s'y précipite à l'envi.

« En France, par exemple, si je me rappelle bien

ce que vous m'avez conté, chacun, sous l'ancienne monarchie, n'admirait et n'enviait que le sort de ces gens de haute domesticité, qu'on appellait les gens de cour. La république venue, tout le monde voulut être tribun et citoyen romain, les Brutus et les Curtius fourmillaient dans tous les carrefours, les grands mots et les grandes phrases résonnaient dans toutes les bouches, et la moitié de la France envoyait l'autre en prison ou à l'échafaud au nom de la liberté et de la fraternité. Plus tard, ce fut la suprématie du sabre : rien n'était si beau, si sémillant, si ravissant, si adorable, que messieurs les militaires. Comme ils étalaient fièrement leurs panaches, leurs soutaches, leurs sabredaches et leurs moustaches ! comme ils regardaient, avec un dédain profond, le simple bourgeois, le pauvre *pékin*, qui n'avait aucun ornement en *ache* à montrer ! Qui donc aurait pu leur résister ? Aussi s'emparaient-ils de tout : après la conquête des nations, c'était la conquête des belles, les myrtes de Vénus après les lauriers de Mars, et s'ils n'ajoutaient pas à cette glorieuse moisson les palmes de Clio ou de Melpomène, c'est qu'elles étaient trop vertes, et bonnes pour des académiciens. Après l'empire, la littérature qu'il avait endormie, — lui infligeant ainsi la loi du talion, — se réveilla enfin, et peut-être un peu trop en sursaut. Elle se montra exaltée, violente, emphatique; mais la foule heureuse de retrouver les plaisirs de l'intelligence dont elle avait été si longtemps sevrée, applaudit de toutes ses mains. Ce fut le règne des poëtes et particulièrement des poëtes du désespoir et de la mélancolie. Rien alors de mieux porté et de plus admiré que l'air *fatal* : on ne voyait dans le monde que jeunes gens au visage pâle, au regard profond sous des sourcils froncés, au front ravagé par les passions et couronné de longs cheveux éplorés. Toutefois, cette mode dura peu; la profession était mauvaise et ne menait à rien ses adeptes. On admirait bien leurs élégies déclamatoires, on sympathisait volontiers aux passions orageuses de leur cœur, mais les héroïnes qui les inspiraient, — et qu'ils avaient grand soin de prendre parmi les plus belles, les plus nobles et les plus riches, — partageaient rarement leurs ardents transports, ou ne leur faisaient qu'un accueil platonique qui n'aboutissait jamais à une comparution devant l'écharpe municipale ; si bien que, l'âge de trente ans sonné, ces poëtes sur le retour, ces aigles commençant à perdre leurs plumes, ne trouvaient rien de mieux que de quitter les régions éthérées, pour picorer une faible pitance dans les cages du notariat, de l'administration ou de la banque. On vit alors qu'il valait mieux se faire avocat. La magistrature, les chambres législatives, les ministères, se recrutaient dans le barreau, tout le monde voulut avoir la possibilité de devenir premier président, député, ministre, tout le monde endossa la toge noire et la chausse d'hermine. Puis, on a quelque peu tenu les orateurs à l'écart, et

Le tour des financiers est à la fin venu.

« L'attention et la considération publiques appartiennent à l'heure qu'il est à cette féodalité boursicotière qui a, il est vrai, mauvaise réputation, — la seule chose peut-être quelle n'ait pas volée, — mais qui n'en étend pas moins sa suzeraineté puissante sur les chemins de fer, les canaux, les mines, les terrains, etc; qui crée à l'envi des crédits, des caisses, des comptoirs, sous-comptoirs, et entasse combinaisons sur combinaisons pour escalader le temple de la Fortune, au risque parfois de faire un faux pas et de dégringoler en police correctionnelle. Fasciné par le prestige de ses succès rapides, tout le monde veut aujourd'hui improviser une fortune à l'aide de la Bourse ou de l'industrie.

« Nous n'avons pas ici de ces engouements passagers, de ces prédilections de fantaisie. Consultant avec soin les préférences de l'enfant et la voix mystérieuse de sa vocation, nous le laissons dans une indépendance absolue pour embrasser la carrière qui lui convient, c'est-à-dire celle dans laquelle, grâce à ses aptitudes spéciales, il sera le plus remarquable, le plus utile et le plus heureux.

« Car le bonheur n'est autre chose que l'activité de l'esprit suivant sa voie et se déployant sans contrainte, de même que la santé ne consiste que dans l'activité des organes s'exerçant dans les mêmes conditions. »

XV

DU SON[1].

A ce moment, le professeur qu'attendait Mélino vint auprès de nous.

Mon hôte me présenta comme arrivant des régions polaires de Vénus. Son ami m'ayant adressé plusieurs questions sur l'état de la science dans mon pays, je lui fis part de la solution que nous donnions aux plus importants problèmes de la physique, et je lui répondis notamment que nous ex-

1. Peut-être la nature du sujet traité dans ce roman humoristique autorisait-elle et même commandait-elle quelques fantaisies paradoxales.

pliquions le son et la lumière par les vibrations des corps, lesquelles étaient transmises — par l'air pour le son, — et par l'éther pour la lumière.

—Permettez-moi de vous dire, répliqua Podélos, que, tout d'abord et sans approfondir la question, cette théorie choque mon instinct.

« Eh quoi ! le son, cette voix des choses, ces accords qui nous ravissent, cette musique qui nous agite de tant d'émotions diverses, tantôt nous serrant le cœur sous l'étreinte d'un sentiment mélancolique, tantôt le dilatant dans l'expansion de la joie, ces suaves mélodies dont le charme élève notre âme à l'extase ou la laisse doucement aller au gré de molles rêveries qui la bercent comme des flots tranquilles, ces airs nationaux qui enflamment notre courage, notre dévouement aux grandes causes, notre amour de la patrie et de la liberté... tout cela ne serait donc autre chose que les oscillations d'un corps élastique mécaniquement communiquées, par couches successives, à l'air environnant? Ce n'est pas possible. Et il faudrait que votre doctrine s'appuyât sur des faits bien concluants, sur des expériences bien décisives, pour que je consentisse à l'adopter.

« Mais il est loin d'en être ainsi, et j'admets plus

difficilement encore cette théorie d'un mouvement vibratoire propagé dans l'air par une série d'ondulations tour à tour condensées et dilatées, quand je pense que, malgré la faiblesse de l'ébranlement presque toujours imperceptible de l'instrument dont on joue et l'intensité des courants d'air qui règnent dans un théâtre, une salle de concert, une église, etc., le son est animé d'une force d'impulsion assez grande pour déterminer une vitesse de 340 mètres par seconde, et pour faire vibrer les boiseries et même les marbres de l'édifice; — quand j'observe, en outre, qu'il peut se transmettre au travers d'un globe de verre, même assujetti à son socle de façon à ne pouvoir vibrer lui-même, comme dans l'expérience de la machine pneumatique; — quand je considère enfin la profonde différence qui existe entre les timbres des divers instruments, alors cependant que vous êtes obligé de supposer qu'à l'unisson, tous ces instruments produisent des ondulations aériennes de même nombre, de même amplitude et de même vitesse.

« Je me demande d'ailleurs pourquoi ces ondulations, dont l'amplitude varierait selon vous de 3 décimètres à 2 mètres, ne seraient jamais perceptibles à l'œil le plus attentif. Il est pourtant des cas où les mouvements de l'air sont visibles à cause des matières extrêmement ténues qu'il tient en suspension, et où l'on devrait apercevoir ces alternatives de condensation et de dilatation qui constituent les mouvements ondulatoires. N'avez-vous pas vu bien des fois dans une église, un rayon de soleil, glissant à travers les vitraux, dessiner obliquement une longue gerbe bleuâtre où flottent des fumées d'encens et des myriades de corpuscules? Qu'à ce moment, la voix des chantres et les graves accords de l'ophicléide retentissent tout à coup, que l'orgue déchaîne une tempête d'harmonie; l'air n'en conservera pas moins son immobilité première, et pas un atome ne trahira le moindre frémissement dans le faisceau de lumière.

« Comment ne trouverait-on pas les mêmes traces d'ébranlement dans l'eau, où le son se transmet si bien? Comment, lorsqu'un bruit est produit dans l'intérieur d'un bassin, par la chute d'une pierre par exemple, ne verrait-on pas les ondulations qui le portent dans leurs replis, alors que le plus léger contact, celui d'un brin d'herbe qui tombe ou de l'aile fugitive d'une mouche, suffit pour altérer d'une ride circulaire le poli du miroir liquide, et que, si le fonds est uni et peu profond, la moindre convexité de l'eau décrit en bas une courbe lumineuse? Direz-vous que les ondulations transmissives du son qui provient du choc d'un caillou, sont précisément ces anneaux concentriques qu'on voit se développer autour du point d'ébranlement? mais il ne saurait en être ainsi, car le son, qui parcourt dans l'eau 1435 mètres par seconde, se propage infiniment plus vite que ces cercles liquides dont l'œil aperçoit le développement successif. Ainsi, d'après votre hypothèse, un seul et même choc produirait autour de lui, dans l'eau, deux mouvements de vitesses profondément différentes, et l'ondulation qui aurait le plus de portée serait précisément celle qu'on ne verrait pas! Le même phénomène d'un double mouvement existerait encore dans l'air où le souffle qui produit un son ne devient sensible sur les objets environnants qu'un peu après que le son y est parvenu.

« Aussi, aurions-nous assez de tendance à penser que le son est une sorte d'électrisation spéciale due au frottement réitéré des molécules du corps mis en mouvement vibratoire, laquelle serait douée d'une certaine force de commotion sur certaines substances, dans des conditions déterminées, et se propagerait, non par les intermittences des *ondes*, mais d'une manière uniforme et continue, comme le feu dans une traînée de poudre ou l'électricité dans un corps conducteur. Pouvez-vous d'ailleurs expliquer autrement le son intense que rend, sans oscillations apparentes, un barreau de fer aimanté par un courant électrique ?

« Observez encore qu'à cet égard, certains phénomènes acoustiques semblent trouver une explication plus aisée dans la théorie de l'électricité que dans celle que vous avez adoptée. Ainsi, d'après votre hypothèse d'un mouvement vibratoire communiqué aux couches ambiantes, la conductibilité des divers milieux pour le son devrait varier dans des proportions mathématiques à raison de leur densité. Cependant il n'en est rien, et si, par exemple, l'hydrogène, moins dense que l'air, conduit mieux le son que lui, le métal, plus dense que tous deux, le transmet avec plus de rapidité encore.

« Ces conductibilités diverses, si peu en harmonie avec l'hypothèse d'un ébranlement propagé, présentent au contraire une certaine analogie avec les conductibilités des différents corps pour la transmission de l'électricité, car, dans ce cas comme pour le son, le pouvoir transmissif est indépendant de la densité.

« Il est indépendant aussi de l'intensité, ce qu'on ne peut dire à l'égard des ondulations de l'eau, qui vous servent de type pour expliquer les ondulations sonores, et qui s'étendent avec d'autant plus de rapidité que l'ébranlement a été plus fort. Il n'en est pas ainsi des sons. Quels que soient leur timbre et leur intensité, ils se propagent avec la même vitesse : le soupir du hautbois, le formidable éclat du tonnerre, etc., mettent le même temps pour arriver à notre oreille. Cette égale rapidité des sons, sans laquelle toute musique d'orchestre serait une épouvantable cacophonie, présente un rapport de plus avec l'électricité dont la vitesse ne varie jamais à raison de sa nature ou de son intensité. Je signalerai encore, comme nouvelle similitude, ce fait que, pour les deux cas, la températeure des milieux influe beaucoup sur leur puissance conductrice, et cet autre que, dans un objet creux, l'électricité se porte particulièrement à la surface extérieure : or, l'expérience démontre que l'intérieur d'un bourdon de cathédrale est précisément l'endroit le moins favorable pour l'entendre.

« Je ne veux point inférer de là que le son soit de l'électricité, mais seulement qu'il a plus d'analogie avec elle qu'avec cet éblanlement ondulatoire qui vous paraît le constituer.

XVI

DE LA LUMIÈRE

« Nous différons aussi d'opinion sur la lumière.

« Votre théorie à ce sujet paraît se rapprocher beaucoup de celle que vous avez imaginée pour le son, et permettez-moi de vous dire que si la nature a mis une admirable diversité dans ses phénomènes, vous n'apportez pas une grande variété dans l'explication que vous en donnez. Qu'est-ce, d'après vous, que le son? une vibration; la chaleur? une vibration; la lumière? encore une vibration. Vibration, vibration, et tout est vibration! C'est le fond de la langue scientifique. Seulement, vous admettez que, selon les cas, les vibrations sont plus ou moins nombreuses, plus ou moins rapidement transmises, celles-ci perpendiculairement au rayon, celles-là dans le sens du rayon; comme si ces différences de détail pouvaient rendre compte de tant de phénomènes qui nous impressionnent si diversement !

« Observez qu'en certain cas ce semblant même d'explication vous échappe. Ainsi par exemple, tout le monde sait que la chaleur et la lumière du soleil arrivent à nous dans le même temps. Or, je me demande pourquoi ces deux agents, issus des mêmes vibrations d'un foyer et voyageant si bien de compagnie, produisent sur nos sens des impressions dissemblables, et se montrent quelquefois, isolés l'un de l'autre. Je me demande aussi comment, en présence du vide de l'espace, vous expliquez la transmission du mouvement vibratoire depuis les astres jusqu'à nous. Il faudrait un agent intermédiaire.

— Évidemment; mais cela ne nous embarrasse pas. Nous supposons l'existence d'un fluide éminemment élastique et subtil que nous appelons *éther*, et qui se trouve répandu dans tout l'espace céleste, dans l'air, dans l'eau, le verre, le diamant....

— Voilà bien des choses éthérées! et, en vérité, j'admire la commodité de pareilles solutions. Quand on ne peut rien constater, on *suppose*; et s'il faut, pour étayer un système, remplir l'espace infini d'un fluide élastique, on le crée par la grâce de la science : il suffit d'un trait de plume, de l'assemblage de cinq lettres, et l'éther est fait! Mais avez-vous un savant qui ait recueilli jamais un seul atome de ce précieux fluide?

— Aucun.

— On ne trouve votre éther nulle part, et vous êtes pourtant obligé, dans votre hypothèse, d'admettre sa présence dans tout l'espace céleste, dans les gaz, les liquides et tous les corps transparents!

« Savez-vous ensuite que cette diffusion du fluide dans les solides transparents me paraît quelque peu malaisée à concevoir. Ainsi, quand vous considérez une de ces belles glaces sans tain, si claires et si pures qu'on voit au travers avec une netteté parfaite, je vous prierais de me dire ce que vous faites des particules matérielles qui les composent. Vous avez beau supposer que l'éther pénètre tout l'espace intra-atomique; mais encore faut-il que ces atomes, si entourés qu'ils soient chacun d'une atmosphère éthérée, existent à l'état de particules solides qui donnent à la glace sa dure consistance, et dont le nombre infini devrait troubler la limpidité de sa transparence.

« Quant à l'air, dont vous expliquez aussi la diaphanéité par la présence de l'éther, d'où vient que sa raréfaction opérée à un si haut degré par la machine pneumatique n'altère en rien la transparence de l'intérieur de la cloche? Puisque, à mesure qu'on en retire l'air, on en retire aussi l'éther que vous dites si intimement uni à ce gaz, la lumière devrait cesser de se transmettre au travers de la cloche, comme il arrive pour le son, ou du moins subir un notable affaiblissement.

— Il se peut aussi, répliquai-je, que le piston de la machine pneumatique n'ait pas prise sur un fluide aussi subtil que l'éther et que l'air seul soit enlevé.

— Fort bien, mais alors cet air, privé d'éther, ne serait plus transparent, et l'expérience prouve qu'il ne l'est pas moins qu'auparavant. Enfin, si l'éther restait sous la cloche, comment ne transmettrait-il pas le son? car je ne vois pas pourquoi un fluide assez élastique pour être ébranlé par les vibrations si infimes des atomes lumineux dont l'ensemble forme la flamme, ne le serait point par celles des corps sonores.

« Puis, cette commotion produite dans l'espace par d'aussi faibles oscillations, ne vous semble-t-elle pas en disproportion avec la cause qui la fait naître? Je m'étonnais, à propos du son, que le mouvement d'une corde fût assez intense pour ébranler un milieu si peu dense que l'air avec une rapidité de 340 mètres par seconde et à de grandes distances; mais ici comme l'objection se présente avec plus de force : combien les mouvements vibratoires des corps lumineux sont plus petits (à supposer qu'ils existent), combien l'éther est plus subtil, combien plus rapide la vitesse de transmission et plus vaste l'espace parcouru ! La vitesse, elle est de 74,500 lieues par seconde; l'espace, il est incommensurable !

« Cependant, si subtile et si impalpable que vous supposiez la substance éthérée, il faut, de toute nécessité, que vous admettiez qu'elle est matérielle, car une substance à laquelle vous attribuez non seulement une densité variable suivant l'état plus ou moins réfringent des milieux transparents qu'elle remplit, mais encore la faculté de recevoir une commotion vibratoire et de la transmettre à l'infini en vertu de son *élasticité*, est forcément matérielle. Or, la pesanteur étant une qualité inhérente à la matière, il arrivera qu'en vertu de cette pesanteur, l'éther tendra à se rapprocher des astres qui, à raison de leur masse ou de leur proximité, exerceront sur lui une plus forte attraction, et il en résultera dans les régions les moins soumises à cette influence des intervalles absolument vides. Comment alors la lumière se transmettra-t-elle à travers ces intervalles? Tout au moins l'éther, plus dense autour des astres qui l'attirent devra-t-il produire une forte réfraction des rayons lumineux; et pourtant la lumière des étoiles ne subit aucune déviation quand elle rase les bords d'un astre dépourvu d'atmosphère.

« En supposant, ce qui est inadmissible, que cette substance matérielle soit, par une exception unique dans toute la nature, absolument dénuée de pesanteur, on ne peut assurément lui contester son élasticité, car elle constitue le fondement même de votre hypothèse des vibrations. Qu'est-ce en effet que l'élasticité, sinon le pouvoir que possède un corps de réagir contre une pression; et que sont vos vibrations éthérées sinon l'ébranlement qui se communique par le choc successif des ondes agissant les unes sur les autres? Qui dit choc, dit rencontre de deux corps résistants: la substance éthérée aurait donc un certain pouvoir résistant qu'elle opposerait au passage des astres qui la traversent avec tant de rapidité. Si petite que vous supposiez cette résistance, il faudrait pour la vaincre une certaine dépense de force; or, cette dépense étant continue, elle finirait par ralentir la course des astres, et il y a longtemps que Vénus et la Terre sa voisine, et Mars, et toutes les autres planètes, perdant leur force centrifuge par le ralentissement de leur vitesse, auraient de plus en plus retréci leur orbite et décrit autour du soleil une effrayante spirale au bout de laquelle ils y seraient tombés. Répondrez-vous que le soleil, mettant en mouvement les planètes en tournant sur lui-même, compense cette perte de force qui leur serait si fatale, mais ce ne pourrait être qu'aux dépens de la sienne, et il finirait lui-même par s'arrêter.

« Vous m'avez dit que certains savants prétendent que cette objection n'est pas sérieuse et que les planètes ne peuvent rencontrer de résistance en traversant l'éther, attendu que cet éther est lui-même englobé dans le mouvement giratoire que le soleil imprime sur tout le système planétaire, et qu'un astre de ce système n'y rencontre pas plus de résistance qu'un morceau de liége n'en trouve dans l'eau dont il suit le courant.

« Mais, pour admettre ce mouvement général qui ferait de notre système une immense sphère éthérée dans laquelle les planètes flotteraient suspendues et conservant une invariable distance les unes à l'égard des autres, il faudrait que la vitesse de ces planètes fût en raison de leur éloignement du soleil, chose qui n'est pas exacte. Il faudrait de plus que tous les astres compris dans notre système fissent leur révolution autour du soleil et dans le même sens. Mais la plupart des planètes ont des satellites qui, tournant autour d'elles, éprouveraient inévitablement la résistance de cet éther emporté par la rotation solaire, et feraient ainsi subir une dépense de force à la planète dont ils reçoivent l'impulsion; celle-ci, par contre-coup, exercerait la même influence à l'égard du soleil qui la met en mouvement; de telle sorte que le système entier s'arrêterait, comme s'arrête une horloge par le frottement du plus petit de ses rouages.

« Remarquez aussi que la matière nébuleuse et diaphane qui accompagne le noyau des comètes tantôt vient à sa suite, tantôt l'entoure comme une atmosphère, ou bien encore le précède dans le parcours de son ellipse immense. Or, si l'éther existait, les deux derniers phénomènes ne se présenteraient jamais, car, si faible que fût sa résistance, la matière qui compose la chevelure ou l'aigrette de l'astre vagabond ne manquerait pas d'être repoussée en arrière, tant à cause de son extrême subtilité que par suite de l'impétueuse célérité de son mouvement.

« Donc, pour me résumer, la présence dans l'espace de la matière éthérée me paraît incompatible avec l'économie de notre système planétaire, donc l'éther n'existe pas.

« Que devient, dès lors, votre hypothèse consistant à supposer des vibrations lumineuses que personne n'a vues, — transmises par des ondulations qu'on n'a jamais constatées, — dans un milieu qu'on ne trouve nulle part, et dont l'existence causerait un trouble profond dans le mécanisme de la création entière ?

« Mais pourquoi, je vous prie, la nécessité d'imaginer ce système de propulsions indéfinies, grâce auquel l'immensité de l'espace se trouverait ébranlée par la combustion d'un atome ? pourquoi ces vibrations et ces ondulations avec leur véhicule indispensable ? N'existe-t-il pas d'importants phénomènes qui s'opèrent par la simple influence d'un corps sur un autre, à d'énormes distances et sans agent intermédiaire, telles que l'attraction, l'électrisation par influence, les actions magnétiques, etc., qui ont lieu dans le vide comme dans l'air ? Mais cette influence mutuelle est la loi même de la nature : tout en elle se répond, s'attire, s'entr'aide, tout s'aime... Quel que soit leur éloignement respectif, tous les corps se communiquent leur électricité, leur lumière, leur chaleur, — magnifique exemple d'universelle confraternité donné, sans relâche, par cette matière si dédaignée, et dont l'homme, dans l'univers entier, aurait le plus à profiter !

« Serait-il donc si déraisonnable d'admettre qu'un foyer lumineux agit, par influence, sur les corps placés en regard de lui, et qu'il développe à leur surface la lumière qu'ils ont à l'état latent et à divers degrés, comme ils ont du calorique et de l'électricité en diverses proportions ?

« Et, de même que l'électricité décompose, à distance et dans le vide, le fluide électrique d'un autre corps, amenant à la surface, suivant les cas, l'électricité négative ou positive, ne peut-on conjecturer que l'influence d'un foyer de lumière directe ou réfléchie fait jaillir de l'objet placé en regard de lui telle ou telle couleur, suivant la substance de cet objet et la disposition de ses molécules ? D'un autre côté, cette hypothèse ne vous paraît-elle pas plus satisfaisante que celle des vibrations pour expliquer les effets chimiques et physiologiques de la lumière ur certaines substances, sur la respiration et la coloration des végétaux, etc ?

— Mais, fis-je observer à Podélos, s'il en était ainsi, si cette influence lumineuse existait, l'effet devrait en être instantané comme celui de l'attraction auquel vous l'avez comparée, et non mettre dans sa transmission un intervalle qui, pour être très-court, n'en existe pas moins.

— Je l'ai comparée aussi à l'électricité, répondit Podélos, et vous savez que sa transmission n'est pas absolument instantanée. Quant à l'attraction, qui vous dit qu'elle le soit? Comme elle est une force s'irradiant d'un objet vers un autre, on concevrait difficilement qu'elle ne mît pas un certain temps, si rapide qu'il fût, à parcourir l'immense cercle soumis à son influence, et quelques savants ont calculé, en effet, que sa vitesse est cinquante millions de fois plus grande que celle de la lumière, laquelle parcourt, nous l'avons rappelé, 74,500 lieues par seconde, — ce qui est déjà aller assez bon train.

« Peut-être encore, l'immensité est-elle remplie, non par une matière élastique comme l'éther, — car, ainsi que je vous l'ai dit, cette élasticité finirait par arrêter le mouvement des astres, — mais par une matière cosmique, excessivement diffuse et pénétrable, qui se trouverait disséminée dans tout l'espace comme la vapeur d'eau est répandue dans l'air.

— Les jours de brouillard, dis-je à Podélos.

— En tout temps, surtout dans les couches voisines du sol; car si, par la plus sereine et la plus transparente journée d'été, vous placez sur une table une carafe d'eau glacée, vous ne tarderez pas à voir la surface se couvrir d'un fin réseau de gouttelettes qui décèleront la présence de la vapeur ambiante. Cependant, cette vapeur est invisible, et c'est à peine si, du sommet d'une haute montagne, vous la verrez estomper d'un léger voile de brume les derniers plans du paysage. Mais qu'un courant ascensionnel emporte dans les froides régions d'en haut les couches inférieures de l'atmosphère, et la vapeur qu'elles contiennent se condensera bientôt en petites vésicules qui se rapprocheront les unes des autres et formeront un nuage. Ainsi pourrait-on rendre compte de la formation des nébuleuses, en supposant que la matière cosmique, incomparablement plus raréfiée que la vapeur d'eau dans l'atmosphère, s'est, par le lent travail des siècles, peu à peu agglomérée en une espèce d'immense nuage.

« Dans cette hypothèse de la matière cosmique remplissant l'espace, la transmission de la lumière s'expliquerait, non encore par des ondulations qui supposent l'élasticité de la matière où elles se produisent mais comme certains d'entre nous expliquent la transmission du son, c'est-à-dire par une sorte d'électrisation du milieu intermédiaire. »

Podélos appuya encore sa théorie de quelques considérations plus ou moins spécieuses, mais je n'ai pas besoin de vous dire qu'il en fut pour ses frais d'éloquence et qu'il ne me convertit pas le moins du monde à ses idées fantaisistes sur la lumière et sur le son. Toutefois, j'ai voulu vous les rapporter parce qu'il est bon, je crois, de ramener souvent nos méditations sur ces grands problèmes, qui ne sont peut-être pas aussi définitivement résolus qu'on semble le supposer. Toute discussion profite d'ailleurs à la science et au progrès, puisque c'est du choc des idées comme du choc des corps que jaillit la lumière... avec ou sans vibrations.

XVII

DE L'AME ET DU CORPS.

La discussion s'égara ensuite dans les régions philosophiques, et je fus ravi d'apprendre que les Vénusiens partageaient nos opinions sur l'existence de Dieu et l'immortalité de l'âme.

Seulement quelques-unes de leurs idées sur la nature de l'âme m'ont paru différer un peu des nôtres.

— Si je vous ai bien compris, me disait Podélos, vous pensez que l'âme est un principe immatériel qui est venu animer le corps, et qui, au moment de la mort, le quitte avec joie, heureuse de sa liberté recouvrée comme l'oiseau s'échappant de sa cage pour s'élancer dans l'azur du ciel.

« Certains de vos compatriotes, les matérialistes, croient au contraire qu'elle n'a pas une individualité propre, et que la pensée n'est qu'une propriété de la matière organisée.

« Nous ne professons ici aucune de ces opinions absolues.

« Et d'abord, nous ne pensons pas que l'âme soit venue animer le corps pour l'habiter passagèrement. Nous croyons, au contraire, qu'elle s'y est formée des principes vitaux qu'il contient et qu'elle a élaborés, comme la fleur se forme des sucs nourriciers de la terre; mais, de même que cette fleur prend aussi dans l'air et la lumière, les principes qui doivent composer ses couleurs et son parfum, de même l'âme se développe et s'embellit dans l'atmosphère des idées et de la méditation. C'est ainsi qu'elle complète son individualité, et que plus tard, séparée du corps, elle pourra vivre de sa propre vie, ainsi qu'il arrive pour le fœtus détaché des entrailles qui l'ont nourri.

« Mais comment d'autres philosophes de vos régions hyperboréennes peuvent-ils abaisser la condition de leur *moi pensant* jusqu'à n'y voir qu'une propriété de leur cerveau, une manifestation subtile de la matière, comme si les fonctions de l'âme n'étaient pas complétement distinctes de celles du corps !

« Cette dissemblance se manifeste en tout point. Le corps se nourrit de substances matérielles, l'âme se nourrit d'idées ; ce qui profite à l'un nuit à l'autre : une alimentation trop généreuse paralyse l'activité de l'âme, et en revanche, le penchant à la méditation, l'amour de l'étude, l'ardeur de l'imagination, consument les forces du corps et flétrissent sa santé. C'est l'éternelle histoire du fourreau qu'use le tranchant de la lame, ou de la lame qu'émousse l'étreinte du fourreau ; et l'on conçoit, dès lors, que, l'instant suprême arrivé, la séparation de l'âme et du corps n'ait rien de plus fâcheux qu'un divorce qui doit faire deux heureux.

« Remarquez encore cette curieuse différence entre eux que, chaque nuit, l'âme s'engourdit dans un sommeil plus ou moins profond, tandis que le corps ne dort jamais.

— Pardon, lui dis-je, c'est au contraire le corps qui sommeille, gisant comme inanimé sur sa couche.

— S'il est immobile, répliqua Podélos, et s'il paraît inanimé, ce n'est pas que la vie se soit ralentie en lui, mais parce que, s'étant ralentie dans l'âme, celle-ci cesse de provoquer les mouvements musculaires. Quant aux fonctions vitales du corps, elles restent absolument dans le même état qu'auparavant : la respiration, la circulation, le travail des sécrétions, s'opèrent comme à l'état de veille, et s'il existait le moindre changement dans la mesure de leur activité, ce serait la souffrance et la maladie.

« De quel repos aurait d'ailleurs besoin le corps puisque ses fonctions s'exercent sans qu'il éprouve aucune lassitude ?

— Pardon encore, répliquai-je, mais je pensais au contraire que le corps se fatiguait, et beaucoup quelquefois.

— Pure illusion. Qu'est-ce en effet que la fatigue, sinon une sensation vague et pénible, une souffrance sourde que l'âme peut seule éprouver? Et elle la ressent par suite des préoccupations qui l'ont agitée pendant le jour, par suite surtout de la dépense de force motrice que lui a imposée le corps et qui rend nécessaire un sommeil réparateur ; de même que dans une montre le ressort fait seul une dépense de force qui, à la longue, amortit son élasticité et nécessite une nouvelle trempe. Pour suivre cette comparaison j'assimilerai volontiers le corps à l'ensemble des rouages : comme eux, il ne fait que subir une impulsion, ne se fatigue pas, et ne peut que s'user. Il s'userait, en effet, surtout aux articulations, s'il n'était perpétuellement en état d'entretien et de réparations — ni plus ni moins qu'un monument public.

« Sans parler de ces alternatives périodiques de veille et de sommeil par lesquelles passe l'âme à la différence du corps, observez qu'elle présente, même pendant la veille, les phases les plus diverses et les plus soudaines de torpeur et de surexcitation : tantôt obsédée de pensées, débordée de sentiments, exaltée d'enthousiasme, tantôt, au contraire, s'affaissant dans l'inertie, et se fondant pour ainsi dire dans cet état de molle et inconsciente rêverie où l'on ne semble plus vivre que de la vie végétative et où l'on est, comme on dit, *sans penser à rien* et dormant les yeux ouverts. Je comparerais volontiers ces subites intermittences à celles de la flamme du punch qui se balance sur le liquide, puis, s'affaiblissant par degrés, s'allonge en serpenteaux bleuâtres, se réduit en une pâle étincelle... et, tout à coup, à la plus légère agitation produite dans le bol, se déploie et s'élance en frémissant, toute ruisselante de lumière et de chaleur.

« L'existence de la mémoire achève encore de démontrer cette vérité que le corps et l'âme ont chacun une vie à part, et que celle-ci n'est pas une sorte de propriété de celui-là. Si en effet les sensations, et les idées n'étaient que le résultat des vibrations du cerveau, — car là encore, vous n'avez pas manqué de loger vos vibrations, — ces sensations et ces idées devraient s'évanouir sans que le cerveau en gardât plus de trace qu'un instrument n'en conserve des sons et des mélodies qu'il a fait entendre. Comment alors expliquer la mémoire? L'existence de cette merveilleuse faculté ruine donc complétement l'hypothèse matérialiste.

« Prouver que l'âme est distincte du corps, quelle a sa vie propre, indépendante, c'est faire un grand pas dans la démonstration de son immortalité. Car, après leur séparation, les deux lois qui rendaient leurs conditions si diverses pendant la réunion, continuent de présider à leur double destinée.

« Pour le corps, la vie cesse, ou plutôt elle se dissémine. Tant qu'il a existé, les principes vitaux qu'il s'était assimilés par l'alimentation, se confondaient en un même courant, ainsi que les diverses doses d'électricité fournies par les auges d'une pile affluent vers ses pôles rapprochés pour y produire les effets les plus intenses de commotion, de lumière et de chaleur. — Mais, à l'heure suprême, le courant est rompu, les principes vitaux cessent de se confondre et de s'accumuler, et, dans leur isolement, ils ne peuvent plus animer que ces êtres inférieurs qui naissent au sein de la fermentation putride.

« L'âme, dont les lois de formation et de dévoloppement ont été si dissemblables, doit continuer d'avoir une destinée toute différente. Le corps a trouvé ici-bas satisfaction à tous ses intincts, il a eu l'air, la lumière, les aliments; la providence ne lui a donné aucun besoin qu'il n'ait eu de quoi y pourvoir : il peut périr. En est-il ainsi de l'âme? Elle aussi a ses instincts, elle a ce noble besoin de connaître les vérités absolues, cette soif du bon, du beau, du juste, dont elle chercherait vainement la satisfaction en ce monde. Elle doit donc la trouver au delà.

« C'est cette considération qui nous donne le gage d'une destinée future supérieure à celle des animaux. Car, ainsi que le corps dont je parlais à l'instant, l'animal trouve ici-bas de quoi contenter ses instincts de toute nature. La nécessité d'une récompense ou d'un châtiment pour son mérite ou son démérite ne se fait point sentir à son égard comme à l'égard de l'homme. Il ne lui incombe, en effet, aucune responsabilité. Depuis le mollusque et l'araignée jusqu'à l'abeille et le castor, l'animal fait très-bien tout ce qu'il fait, — ce qui le distingue éminemment de l'homme. — Mais cette perfection est telle, et elle exige de sa part si peu de tâtonnements et d'efforts, qu'on ne lui en attribue pas plus le mérite qu'on n'en reconnaît à l'arbre pour former une fleur ou un fruit. On sent, bien plutôt, que c'est sous l'invisible main de Dieu que ces merveilles se produisent. L'homme, au contraire, a la gloire et le péril de la liberté, il est responsable, et doit par conséquent trouver, dans une existence ultérieure, cette sanction de ses actes que la justice réclame et que lui refusent ou lui épargnent les hasards de la vie en ce monde.

« Aussi bien, l'instinct de cette existence future est-il profondément enraciné dans notre âme. Ce n'est sans doute qu'un pressentiment; mais l'hirondelle qui fuit nos pays et va chercher au loin des régions plus clémentes, a-t-elle autre chose, pour en deviner l'existence, que la voix secrète de son instinct? Et pourtant, elle n'en vole pas moins à travers l'espace immense; le grondant abîme des mers, les vents contraires, les nuées orageuses, n'ont rien qui l'effraie et la décourage, car elle sait que, par delà les horizons, elle trouvera la contrée promise, le ciel bleu, la verdure et la chaleur. Ainsi de notre âme. Elle aussi a le pressentiment d'une patrie meilleure, elle aussi souffre ici-bas du souffle glacé de l'indifférence et des épais brouillards que l'ignorance et l'égoïsme amassent autour d'elle pour ralentir ou égarer ses pas. Quelle fasse comme l'hirondelle, quelle s'élève au-dessus des choses de ce monde, et suive, en droite ligne, la voie du vrai et du bien; qu'elle croie à ce précieux instinct que Dieu lui a donné comme un phare mystérieux pour éclairer sa route; elle arrivera au port désiré... j'en ai la confiance certaine. »

Podélos me parla ensuite de l'origine du langage. Suivant lui, le langage...

— Sais-tu, mon cher Volfrang, interrompit Léo, que les dissertations physiques, physiologiques et philosophiques de ton savant vénusien ne sont pas précisement très-divertissantes. Tu serais bien aimable d'en rester là, et de revenir à mademoiselle Célia qui m'inspire beaucoup plus d'interêt.

XVIII

PRÈS DU PIANO.

— Je reviens donc à la fille de Mélino, dit Volfrang, et d'autant plus volontiers, mon brave Léo, que si tu peux avoir quelque plaisir à m'entendre parler d'elle, j'en éprouve bien davantage à en parler moi-même. C'était d'ailleurs vers elle que ma pensée se reportait sans cesse, et son souvenir avait souvent envahi mon esprit pendant que Podélos me donnait sur divers points de la science vénusienne ces explications que j'ai dû vous rapporter bien imparfaitement. Merveilleuse et douce tyrannie de l'amour, qui ainsi évoque obstinément dans nos entretiens, nos lectures, nos travaux les plus divers, l'image charmante de la femme aimée !

Pour mon compte, je laissais avec délices couler mes pensées sur cette douce pente qui les ramenait sans cesse à ma chère Célia ; et, peu de jours après ma visite au collége, comme je l'entendis chanter dans le salon, en accompagnant sa voix délicieuse d'un son velouté de piano, je ne pus résister au désir d'aller l'entendre.

Le salon, mollement éclairé par la rare clarté qui filtrait des stores roses soigneusement tirés, respirait je ne sais quelle langueur voluptueuse, et Célia ne m'avait jamais paru si belle que dans le doux mystère et les tendres reflets de ce demi-jour.

— Veuillez me pardonner, lui dis-je, si je viens ainsi troubler votre solitude, mais les charmes de votre chant m'ont invinciblement entraîné...

— Je n'ai rien à vous pardonner, fit-elle avec une grâce extrême, et l'hôte de mon père ne peut encourir ici aucun reproche d'indiscrétion. Merci, au contraire, de votre visite ; et puisque vous preniez plaisir à l'air que je chantais, je vais le recommencer.

Elle redit sa romance, tandis que suspendu à ses

lèvres, j'admirais de toute mon âme la suave limpidité de sa voix et surtout l'émotion sympathique de son chant.

— C'est ravissant! m'écriai-je; je n'ai jamais entendu chanter ainsi!

— Prenez garde! me répondit-elle en souriant. Selon toute probabilité, vous calomniez les habitantes de la Terre, et ce n'est pas généreux, car il me serait difficile de vérifier vos comparaisons.

— Vous pouvez les croire sincères. Assurément, les belles indigènes du globe sublunaire que j'ai quitté ont parfois des voix magnifiques, mais c'est surtout leur façon de chanter qui me déplaît. Un de nos poëtes a dit :

L'esprit qu'on veut avoir gâte celui qu'on a.

Il en est de même de la beauté, de la grâce et de la voix. Chez nous, la prétention gâte toute chose, et malheureusement elle semble croître en raison de l'éducation qu'on a reçue et de la position sociale qu'on occupe. Une femme du monde ne voudrait pas chanter comme une pauvre ouvrière, pas plus qu'elle ne voudrait porter sa toilette simple et bienséante; mais comme, en définitive, la fortune ne fait pas l'ampleur de la voix, la grande dame est obligée pour se distinguer des filles du peuple de chanter avec la voix qu'elle *veut avoir* et qu'hélas ! elle n'a pas. Elle dirait avec beaucoup d'agrément de simples mélodies, mais elle les dédaigne, cherche les difficultés, les grands airs d'opéra, les vocalises tourmentées, les notes élevées, bref, au lieu de chanter juste dans les limites de ses moyens, elle s'évertue à crier faux, à se déchirer le gosier et à déchirer les oreilles. Toutefois, pour être juste, j'ajouterai que c'est un peu la faute de nos compositeurs, car eux aussi délaissent la mélodie simple et claire pour rechercher avant tout la musique à grand effet, la musique savante...

— Qu'est-ce donc, bon Dieu, que cette musique savante ?

— C'est celle qui substitue à la mélodie les combinaisons harmoniques, les *canons*, les *sujets*, *contre-sujets*, *fugues*, *tritons*, *contrepoints*...

—Voilà bien des noms barbares ! interrompit Célia en riant. Mais à quoi bon toute cette scolastique ? je croyais que dans un morceau musical, l'inspiration était tout, et que la mélodie était à l'harmonie ce que la pensée est au langage ou l'idée poétique à la rime et à la césure. Votre musique sans mélodie me fait absolument l'effet d'une poésie à rimes riches et à idées pauvres — comme on en fait du reste beaucoup aujourd'hui, — ou d'un tableau chargé de couleurs éclatantes, habilement contrastées, mais sans contours et sans dessin. Loin de s'attacher à ces subtilités de détail et de traduire le livret vers par vers, la musique doit s'animer de ce souffle mélodique qui constitue son essence même, et ne s'inspirer que du sens le plus général des paroles.

— Quant aux paroles, lui dis-je, l'orchestration de nos compositeurs les noie dans ses flots tumultueux. De temps à autre, dans les opéras français qui se jouent sur toute notre planète, on entend rimer *manoir* et *noir*, *ombre* et *sombre*, si l'on chante une ballade; — *yeux* et *feux*, *âme* et *flamme*, dans un chant d'amour; — *vin* et *jus divin*, *bouteille* et *vermeille*, dans les chœurs à boire; — et c'est tout.

— C'est bien assez à mon sens; non que je veuille sacrifier les vers aux fantaisies et aux violences de l'orchestration, mais parce que leur rôle doit être ici tout à fait secondaire. La Musique et la Poésie sont femmes, et deux femmes ne s'entendent jamais bien quand elles sont également jolies. Il faut, pour qu'elles s'accordent parfaitement, que l'une s'efface devant l'autre et ne lui dispute aucun hommage. Ainsi pour la vraie poésie : il suffit d'un léger accompagnement qui en marque le rhythme.

— Les anciens peuples de la Terre ne manquaient

jamais de l'employer dans la déclamation de leurs poëmes et de leurs tragédies, et il reste encore des traces de ce système dans nos chants d'église qui seraient fort beaux s'ils étaient plus intelligibles et chantés moins machinalement.

— Dans une œuvre lyrique au contraire, reprit Célia, la poésie n'est qu'un prétexte à mélodies; c'est le rameau d'où le génie musical doit prendre son essor : luxuriante et touffue, elle embarrasserait son vol et froisserait ses ailes.

—Vous pourriez ajouter, lui dis-je, qu'en dehors même des compositions lyriques, le poëte ne saurait être trop sobre dans l'expression des sentiments qu'il prête à ses personnages.

— Assurément.

— Aussi, n'avez-vous nullement à regretter de ne point connaître nos drames et la plupart de nos tragédies, car les passions et surtout l'amour y sont d'une intarissable loquacité, dont l'acteur aggrave encore l'effet énervant par l'emphase de son débit et l'intempérance de ses gestes.

— C'est vraiment chose fâcheuse, car rien ne me paraît moins sympathique et moins sincère que ce bavardage du cœur. L'amour véritable à sa pudeur qui voile ses plus vifs transports, et en glace l'expression sur les lèvres.

— Contrainte charmante qui ne donne que plus de force à la passion. Les parfums d'une essence subtile s'évaporent quand le flacon reste ouvert, et, dans le cas contraire, ils s'accumulent et se condensent pour devenir plus pénétrants si parfois ils s'échappent par quelque fissure. Ainsi de l'amour : il perd à s'étaler verbeusement son prestige et son mystère.

Vous vous étonnez peut-être, mes bons amis, de l'allure un peu facile de cette causerie dans laquelle nous apportions une liberté toute masculine. Je sais qu'elle choque nos mœurs; mais, je vous l'ai dit, les jeunes filles de Vénusia ne sont pas élevées dans cette contrainte hypocrite qui, dans nos petites villes, leur fait affecter l'inepte ignorance d'Agnès ou l'irritable pruderie d'Arsinoé. Elles n'ont pas non plus cette glaciale indifférence des choses de cœur qu'on rencontre si souvent chez nos demoiselles des grandes cités, pour lesquelles l'idéal du mariage n'est pas le bonheur d'un amour partagé, mais un riche salon où l'on trône en souveraine, des toilettes splendides, des bijoux éclatants, un bel équipage, et un mari, quel qu'il soit, pour payer tout cela.

L'éducation de Célia ne présentait aucun des inconvénients de ces deux civilisations, l'une un peu arriérée, l'autre beaucoup trop avancée. Elle avait un cœur tendre sans ostentation sentimentale, et chaste sans fausse pruderie.

Je ne saurais vous dire combien de temps se prolongea notre entretien. Mon amour m'en fit trouver naturellement les détails délicieux et les instants trop rapides. Mais, comme vous n'avez pas les mêmes raisons d'en juger ainsi, je crois devoir m'abstenir de vous en retracer la suite.

XIX

UNE SOIRÉE A VÉNUSIA.

La soirée de Mélino eut lieu le lendemain.

Elle fut précédée d'un dîner sans faste, et ne paraissant pas, comme la plupart de nos galas, avoir pour principal objet de servir d'étalage à l'opulence vaniteuse de l'amphytrion. Vous savez, en effet, si les réchauds d'argent, les candélabres d'or, la vaisselle archaïque, les cristaux armoriés, ciselés, coloriés, etc., resplendissent à profusion sur les tables des bourgeois de Speinheim! Et pourtant, la magnificence de ces exhibitions est mainte fois perdue pour la satisfaction des convives dont elle excite moins l'admiration que la secrète envie. Ajoutez que les trois quarts font souvent une moue rancunière de ce qu'on ne leur a pas donné les places d'honneur. Il est vrai qu'ils se dédommagent en chuchotant sur les plus favorisés une maligne kyrielle d'observations railleuses; ce qui ne les empêche nullement de leur adresser quelque grosse flatterie à l'occasion. Un grand dîner est un bizarre assemblage de critiques à voix basse et de compliments à voix haute, de mets épicés et de plats sucrés.

Ici encore, règne chez les convives en habit noir l'aimable et galante habitude de quitter avec empressement les dames, une fois le repas terminé, pour se retirer au fumoir. Là, profitant avec bonheur de leur liberté conquise, ils débitent des propos grivois à faire rougir un tambour de la garde nationale, et, de-ci de-là, médisent quelque peu des belles délaissées — lesquelles, de leur côté, se moquent à cœur joie de messieurs les fumeurs, surtout des plus vieux.

Enfin, le cigare achevé, ils se décident à venir apporter au salon le charme de leur présence, et de leurs parfums. Quelques personnes invitées pour la soirée, exclusivement, sont successivement annoncées, et alors commence la mêlée générale de toutes les prétentions masculines et féminines.

Les hommes font rayonner les décorations qui constellent leur poitrine, et prennent l'air capable et important. Chacun d'eux semble dire : — C'est moi qui suis un tel : avocat distingué, — auteur célèbre, — médecin savant, — comte depuis les croisades... de père en fils, — et surtout : — c'est moi qui suis millionnaire ! Tous affectent la physionomie de leurs prétentions : celui-ci a la mine éveillée et le langage vif et volubile de l'homme d'esprit, celui-là, les airs penchés et la chevelure en saule pleureur du poëte mélancolique, cet autre se donne l'attitude méditative du penseur profond, du politique éminent, et affecte des poses d'une raideur sculpturale, comme pour se faire sa statue de son vivant. — Çà et là, papillonne le beau don juan, soigneusement frisé, cravaté, musqué, corseté, qui, de ses lèvres confites dans un sourire perpétuel, distille des fadeurs au sexe crédule, et passe tous les cœurs au fil de sa moustache aiguisée en pointe. — Cependant, loin du gracieux essaim des dames, dans les coins du salon et les embrasures des croisées, stationne ce réfrigérant des salons qui s'appelle l'homme grave : tête chauve, enrichie de lunettes d'or et montée sur cravate blanche, pérorant d'une voix grave, sur des choses graves avec des aphorismes graves que charrie abondamment sa conversation, comme une rivière charrie des glaçons. Ces vénérables Nestors de la bourgeoisie forment un excellent repoussoir à l'animation des causeries, à la beauté des femmes et à l'éclat papillotant des toilettes, jusqu'au moment où leur humeur lugubre menaçant de devenir contagieuse, on les interne dans la pièce voisine, et on les rive à quelque table de whist ou de bouillotte.

Loin d'avoir ces prétentions à la gravité, la plus belle, la plus indolente et la plus dépensière moitié du genre humain affecte généralement des airs de vivacité et d'étourderie juvéniles, dont l'âge contredit quelquefois la convenance et l'à-propos. Rien n'égale non plus l'afféterie que la plupart de nos grandes dames apportent dans leurs jeux de physionomie et leurs inflexions de voix qu'elles se complaisent à moduler en doux roucoulements de tourterelle. Chacune, du reste, adopte obstinément le maintien qui la flatte le plus. A-t-elle une jolie main? elle ne cesse de jouer avec ses cheveux ou de chiffonner son mouchoir; de beaux bras? elle a constamment besoin de s'accouder; de blanches dents? elle rit toujours. Je ne parle pas des artifices préalables dont le cabinet de toilette a caché le mystère : multiplication des cheveux, additions aux charmes naturels, teint de lys et de rose fait de blanc de perle et de rouge végétal :

> Car toujours la peinture
> Embellit la beauté.

Et que dire de leur toilette ? Assurément, si l'animal est l'esclave de l'homme, l'homme l'esclave de la femme, il est juste de dire que la femme est l'esclave du chiffon. Il règne en maître entre toutes ses préoccupations, il est son souci le plus constant et le plus *cher* à tous égards, et, dans un groupe de dames pris au hasard, c'est à qui d'entre elles déploiera la plus vaste envergure de soie et de velours et de gaze et de dentelles ; si bien que, dans une femme en toilette, il y a si peu de femme et tant de toilette, qu'elle semble vraiment l'accessoire, et, en quelque sorte, le frêle mannequin servant à l'étalage de parures splendides, et surtout nouvelles ; — car le pire défaut d'une parure ce n'est pas d'être disgracieuse, mais d'avoir été déjà portée. C'est là le point capital sur lequel se dirige, de prime abord, l'attention jalouse des rivales, — c'est-à-dire de toutes les autres femmes ; — et tel est, à cet égard, l'éveil de leur sollicitude qu'elles en sont venues à mesurer la considération qu'elles professent les unes pour les autres bien plutôt sur le nombre de leurs robes que sur celui de leurs talents ou de leurs vertus. Pour elles, ce luxe de la toilette constitue, avant tout, une sorte de certificat d'opulence; or, qui ne sait que l'orgueil de la fortune est un des plus vifs, sinon des plus légitimes, que nous ressentions ici-bas?

Les femmes de Vénusia montrent bien moins de frivolité; mais là, les mœurs et les lois, loin de les reléguer dans l'ignorance et l'oisiveté, les font les égales des hommes. Elles ne les considèrent pas comme des êtres incapables de tout acte sérieux et que Sa Majesté le Mari doit gouverner en desposte — lors-même qu'il afficherait au dehors du ménage le libéralisme le plus exalté; — elles ne suppriment pas leurs droits pour augmenter la somme de leurs devoirs, ce qui n'est pas précisément une compensation ; et, si une faute est commise, ce n'est point l'être faible que l'opinion blâme exclusivement : elle ne flétrit pas de son mépris le pauvre oiseau tombé pour admirer le serpent fascinateur.

C'est une égalité complète qui règne dans ces régions fortunées; la femme y est véritablement la digne compagne de l'homme. Comme je crois vous l'avoir dit, elle exerce un grand nombre de professions dont notre sexe s'arroge ici l'apanage exclusif, et l'on n'y traite pas dédaigneusement de *bas-bleus* celles qui-cultivent les lettres et ne sont pas tout à fait ignorantes sur les questions sociales ou politiques.

Je m'aperçus de la profonde différence des ces mœurs avec les nôtres dès le commencement de la soirée, et, le premier mouvement de surprise évanoui, je trouvai que cette façon d'admettre la femme à partager les plus sérieuses préoccupations et les plus nobles travaux de l'homme était pour elle un hommage bien plus sérieux et bien plus élevé que cette galanterie banale qui consiste à la traiter en enfant gâtée, et à murmurer éternellement à son oreille : — « Que vous êtes jolie, que vous me semblez belle! » car l'imagination de nos céladons n'est jamais allée au-delà de la fable du *Renard et du Corbeau.*

Ce qui me surprit encore, dans cette soirée, ce fut la présence d'ouvriers que j'avais vus travailler chez Mélino.

— Comment! lui dis-je à voix basse, vous recevez vos ouvriers?

— Cela doit vous étonner en effet, répondit-il en souriant, car c'est tout à fait contraire à vos préjugés sociaux. Je sais bien que vous professez hautement les principes de la plus célèbre de vos nombreuses révolutions ; malheureusement vous avez grand soin de les accommoder à vos intérêts. Vous aimez la liberté pour vous contre vos adversaires, et la fraternité — chez les autres — quand leur dévouement peut servir votre ambition. La soif de la supériorité et de la domination est tellement innée en vous que lorsque, dans la morne solitude de son île, ce Robinson, dont vous m'avez conté l'histoire, finit par trouver un compagnon, il s'empresse d'en faire son domestique.

« Ici, au contraire, le sentiment d'une égalité fraternelle est profondément enraciné dans le cœur même de la nation, et ce mélange, je ne dirai pas de toutes les classes, puisque nous n'avons pas de classes, mais de toutes les professions n'a rien qui répugne à notre délicatesse. Il est vrai que l'ouvrier s'est rendu complétement digne, par ses manières et son savoir, de la fusion sociale qui s'est opérée. Sa présence parmi nous vous choque, mon cher Volfrang, comme l'apparition de simples bourgeois dans les salons nobiliaires a pu choquer jadis vos bisaïeux ; ces bourgeois y sont admis aujourd'hui, et soyez sûr qu'avec le progrès, le cercle de la bonne compagnie s'élargira constamment ; le préjugé de la hiérarchie professionnelle ira rejoindre, dans les ruines du passé, le vieux et vermoulu préjugé de la naissance.

— En attendant que nous en venions là, nous avons des invités de passage dont je remarque l'absence absolue dans votre salon.

— Qu'appelez-vous des invités de passage?

— Je veux parler de certaines gens qui, n'aimant pas le monde, croient devoir, par politesse ou par politique (ce qui est souvent la même chose), paraître aux soirées où ils sont invités, pour se retirer furtivement au plus vite.

— Mais le procédé me paraît assez inconvenant.

— Je suis de votre avis, et pourtant les visiteurs de ce genre sont fort nombreux. Ils arrivent, deux ou trois heures après les autres, se font annoncer avec les particules et les titres qu'ils ont — ou qu'ils n'ont pas, — entrent solennellement après cette glorieuse fanfare, saluent d'un air guindé les maîtres du logis, échangent quelques poignées de main, puis s'esquivent. Ils appellent cela *se montrer*, et satisfaire aux convenances; mais je pense au contraire, comme vous, qu'ils les blessent profondément. S'ils restaient chez eux, on pourrait supposer qu'une indisposition les a retenus, mais il font acte de présence et disparaissent aussitôt, témoignant ainsi de la possibilité qu'ils ont eue de venir à la soirée et de leur peu de goût d'y rester.

Un moment après cet entretien, j'entendis que, dans un groupe de jeunes vénusiennes, frais et gracieux comme un massif de fleurs, on en était venu à parler musique.

J'eus de vives inquiétudes. Il y avait, au fond de l'appartement, un piano qui montrait les dents... j'appréhendais qu'une blanche file de demoiselles ne vînt y jouer des *exercices*. Ce supplice des invités sévit si souvent dans nos salons, et dure si longtemps! Il est bien vrai que nos virtuoses nubiles se font beaucoup prier et qu'elles ont beaucoup de peine à prendre le parti de commencer; mais qu'elles en ont bien davantage à se décider à finir! De son côté, la maman complice prend soin de leur indiquer, avec une impitoyable lucidité de mémoire, l'entier répertoire des morceaux étudiés *à la maison;* et l'on en est réduit à subir le défilé de tous leurs *caprices* et de toutes leurs *fantaisies*. Morceaux bien nommés, en vérité! car à la fantaisie qu'y a déployée le compositeur, elles ajoutent la *fantaisie* de l'exécution : ralentissant la mesure aux passages ardus pour la précipiter aux endroits faciles, escamotant des notes, brouillant des accords, et tombant d'autant plus souvent dans ces confusions charivariques, qu'elles choisissent de préférence des morceaux *brillants*, c'est à dire hérissés d'inextricables difficultés.

J'en fus quitte pour la peur. On joua pendant un temps fort court, et, pour ce léger intermède, on fit choix de quelques mélodies de grands maîtres, et non de musique à prestidigitation.

Vint ensuite le bal qui frappa grandement mon attention par sa vivacité et son entrain. J'étais tellement habitué à nos danses ou plutôt à nos marches de salon, à ces quadrilles guindés où l'on se promène d'un air ennuyé, le pied traînant sur le parquet et les bras collés au corps! Le mode vénusien me parut infiniment plus agréable et plus naturel, car la danse n'est pas seulement un plaisir, mais un besoin du corps; et une ardente animation convient à ce singulier instinct de sauterie que Dieu a, par malice, exclusivement départi à l'animal le plus raisonnable de la création.

— D'accord, fit Muller; mais, pour mon compte, je dénie le prétendu esprit froid et sérieux que tu attribues à nos jeunes danseurs. Est-il rien, au contraire, de plus animé, de plus ardent au plaisir, de plus fou en un mot, que cet essaim de jeunes gens qui ne manquent aucun quadrille, aucune valse, aucune polka, et qui font rage au cotillon?

— Pas si fous que tu le dis, mon bon Muller. Assurément, ils se préoccupent fort des danses et surtout des danseuses, ils ne connaissent ni trêve ni repos, et, quand l'orchestre se tait, on les voit s'agiter dans la foule, leur carnet à la main, avec l'activité fiévreuse de coulissiers un jour de liquidation; je conviens aussi qu'ils inscrivent, avec ponctualité, toutes leurs invitations, et qu'ils dansent à l'échéance; j'ajouterai, si tu veux, qu'ils brillent particulièrement au cotillon, et qu'ils en dirigent l'interminable imbroglio d'un esprit alerte et d'une main sûre. Oui, tout cela est vrai; mais garde-toi bien de croire que ce soit pour eux plaisir purement frivole et temps perdu pour les affaires. Quelques mois après, tu verras tes jeunes *fous* être investis de fonctions importantes, puis avancer rapidement, et cela... cela, grâce à madame la baronne de X... ou à madame la comtesse de Z..., dont ils auront été, dans plusieurs bals, les chevaliers servants au cotillon. Le cotillon mène à tout.

Pour en finir avec le bal de Mélino, je vous dirai, mes amis, qu'une différence que je fus encore bien heureux d'y trouver avec les nôtres, c'est qu'on pouvait s'y mouvoir et respirer, deux avantages bien rares dans nos étroits salons, où l'on se fait honneur d'entasser quatre fois plus de monde qu'ils ne devraient en contenir.

Si la danse vénusienne me charma par son gracieux entrain, l'orchestre ne me fit pas moins de plaisir par sa douce harmonie, que ne troublaient ni les glapissements aigus du flageolet, ni les stridents éclats du cornet à piston.

Mais l'enchantement et la fête de mon âme, en cette heureuse soirée, ce fut ma chère Célia dont une toilette d'une gracieuse simplicité et d'un goût exquis rehaussait l'adorable beauté. Elle allait et venait, douce et souriante à tous, la joue et le regard animés par la fièvre du plaisir. En vain, le bal m'offrait-il son éclat et ses distractions, mes yeux revenaient toujours à elle. J'ignore si je ne fus pas dupe d'une de ces flatteuses illusions dont l'amour se repaît si facilement, mais il me sembla que j'occupais aussi quelquefois sa pensée. Personne assurément n'aurait pu le deviner, mais je le sentais par l'effet de je ne sais quel magnétisme mystérieux. Un hasard complaisant nous faisait retrouver fort souvent l'un près de l'autre; nous causions alors, — de choses banales, il est vrai, — mais, dans une conversation d'amoureux, ce qu'il y a de plus intéressant, c'est toujours ce qu'on ne dit pas; c'est ce muet langage du cœur qui ne se trahit que par les inflexions émues de la voix, le doux rayonnement du regard, la grâce affectueuse du sourire, et ces mille petits riens, que comprennent si bien deux amants, mais qui n'en disent pas plus aux tiers indifférents que l'étincelle glissant sur un fil télégraphique n'en dit aux gens qui passent sur la route. Il arrive ainsi qu'une insignifiante causerie, dans laquelle l'austérité grondeuse des grands parents n'aurait pas un mot à reprendre, devient tout un poëme charmant pour deux cœurs épris. Les airs de ce duo n'ont rien de sentimental; mais l'amour est à la clef, et sa magique influence respire dans tout le morceau.

III

LA VILLA MÉLINO

XX

LES SAISONS DE VÉNUS. — LE VILLAGE. — ÉLECTIONS. — COURSES.

Depuis mon arrivée à Vénusia, je remarquai que les jours croissaient et que la température s'échauffait dans des proportions extraordinaires. L'inclinaison de 72 degrés que forme l'équateur de Vénus sur le plan de son orbite explique ces variations si rapides. Il résulte en effet de cette inclinaison que les jours, qui sur la Terre n'augmentent ou ne diminuent en moyenne que de 3 minutes 36 secondes, subissent là-haut une variation de 42 minutes 15 secondes pour chaque rotation de l'astre sur lui-même, rotation qui, au lieu d'être de 23 heures 56 minutes comme celle de notre planète, n'est que de 23 heures 21 minutes. Ajoutez que pour les pays qui se trouvent au delà d'une zone de 56 degrés dont l'équateur occupe le milieu, (comme il en est sur notre planète de la totalité de l'Europe et des deux tiers de l'Asie,) les jours d'été dépassent 23 heures, et s'allongent encore à mesure qu'on s'approche du pôle, où ils atteignent, comme au nôtre, une durée égale à la moitié de l'année — laquelle moitié est de 112 jours 1/3 (un peu moins de quatre mois). — En revanche, leurs nuits d'hiver, suivant la même progression, s'allongent très-rapidement, et les Vénusiens passent ainsi, presque sans transition, d'un excès de jour à un excès de nuit, d'une chaleur torride à un froid intolérable.

En général, il faut le reconnaître, les planètes sont assez mal favorisées pour les climats, et il semble que, dans le voyage immense où le soleil les entraîne, le voisinage de quelques grands astres ait altéré l'ordre primitivement établi par la Providence. L'état le plus favorable pour une planète serait évidemment d'avoir son axe de rotation perpendiculaire à son écliptique. S'il en était ainsi pour la Terre, si son axe ne faisait pas avec l'écliptique un angle de 66 degrés et demi mais bien de 90, les jours seraient égaux aux nuits, les régions polaires ne subiraient plus la fatigue de six mois de jour et l'ennui lugubre de six mois de ténèbres. A toute époque et sur tous les points du globe, nous aurions douze heures de jour et une température moyenne entre celles du 20 mars et du 23 septembre. Peut-être avait-on jadis ces avantages, et le printemps était-il éternel :

« *Aurea prima sata est ætas...*
Ver erat æternum, tepidis que faventibus auris,
Mulcebant zephyri natos sine semine flores. »

« D'abord on vit briller l'âge d'or. En ce temps,
Souriait à la terre un éternel printemps,
Et les tièdes zéphyrs, à la douce influence,
Se jouaient dans les fleurs écloses sans semence. »

Ainsi dit Ovide, tranchant avec une aisance merveilleuse, les deux questions si ardues de l'état primitif de la Terre et de la génération spontanée. Sans doute, il ne faut pas ajouter plus d'importance qu'il ne convient aux récits des poëtes. N'oublions pas cependant qu'ils se sont inspirés d'antiques légendes, qui ont pu se modifier et s'embellir en traversant le cours des âges, mais dont le fond n'en repose pas moins sur un fait réel. Les découvertes de la paléontologie ont démontré que l'existence des animaux monstrueux contre lesquels avaient combattu les Hercule, les Thésée, les Cadmus, etc., n'était pas aussi fabuleuse qu'on le pensait au dernier siècle; peut-être la science en arrivera-t-elle à donner raison aux deux vers d'Ovide.

Mais l'homme ne jouit pas longtemps de cette température édénique; il eût été trop heureux! Les saisons arrivèrent, avec leurs excès de chaud et de froid :

« *Tum primùm, siccis aer fervoribus ustus*
Canduit, et ventis glacies adstricta pependit, »

« Alors, l'air s'embrasa dans les brûlants étés,
Et la glace pendit en festons argentés. »

Ainsi s'évanouit l'âge d'or de la température. Les planètes fatiguées cessèrent de se tenir ferme sur leurs axes, et Vénus se pencha plus qu'aucune autre.

J'avais abordé vers le vingtième degré de latitude. Le jour était d'environ trois heures à ce moment-là; trois semaines après il était de dix-neuf!

— L'été s'avance à grands pas, me dit alors Mélino, c'est le moment d'émigrer à la campagne. J'ai une villa située à trois heures de Vénusia. J'espère que vous m'accorderez le plaisir qui réjouit le plus au monde le cœur d'un propriétaire : celui de faire visiter sa propriété.

Je le remerciai de son offre, qui m'était d'autant plus agréable que, bien moins cuirassé que les Vénusiens contre les flèches de feu dont les crible leur grand soleil, j'espérais trouver à la campagne une température plus clémente.

Nous fîmes le voyage à l'aide d'un véhicule atmosphérique. Les appareils de ce genre, à hélice ou à aubes, sont fort employés dans les pérégrinations vénusiennes : leur pesanteur, qui du reste est d'un dixième moins grande que celle qu'ils auraient sur notre planète, est contre-balancée par la vitesse excessive des moteurs. Ne voyons-nous pas, à tout instant, de gros insectes voler à l'aide de petites ailes dont les vibrations sont extrêmement rapides ?

Selon mon espoir, je trouvai à la villa de Mélino une température beaucoup moins ardente que celle de Vénusia. Elle était située sur un plateau élevé, et vous comprenez que, dans un pays où les bouleversements géologiques ont pu faire jaillir des montagnes cinq fois plus hautes que les Cordilières, les plateaux de ce genre doivent être nombreux. Or, vous savez combien la chaleur décroît dans les hautes régions : l'atmosphère moins dense y laisse au rayonnement du sol toute sa liberté, et ces altitudes se trouvent, par rapport aux vallées et aux plaines, dans les mêmes conditions qu'un homme presque nu, par rapport à un autre emmaillotté dans d'épaisses couvertures.

De plus, la température s'y montrait d'une variété extrême, car — sur ce globe dont un hémisphère est presque tout entier chauffé par le soleil, tandis que l'hémisphère situé de l'autre côté de l'équateur est à peu près complétement noyé dans l'ombre, — le moindre vent du nord ou du sud apporte nécessairement dans l'état de la température les changements les plus brusques et les plus considérables.

Je vous ai parlé aussi de l'effet rafraîchissant qu'a pour les Vénusiens l'état de leur atmosphère presque toujours couverte de nuages.

Enfin, la maison de plaisance de Mélino se trouvait protégée contre l'action du soleil par un bouquet d'arbres gigantesques, d'une puissance de végétation qui nous est inconnue et dont celle des terres tropicales ne peut donner qu'une faible idée. Ils entre-croisaient sur la villa leurs branchages touffus, et baignaient ses murs de la fraîcheur opaque de leur ombre. Derrière la maison, après une pelouse du vert le plus tendre et le plus velouté, s'étendait la nappe, moirée d'azur et d'argent, d'un grand lac encadré d'arbres séculaires. Je dirigeais souvent mes pas de ce côté, et j'aimais à promener mes rêveries le long de ses rives ombreuses.

A une lieue environ de l'habitation de Mélino, se trouvait un village dont il m'indiqua la position, car je ne l'eusse jamais aperçu, modestement caché qu'il était sous la luxuriante frondaison d'un vaste bosquet.

Mon hôte m'y conduisit, et me donna l'occassion de voir le bourg le plus propre, le plus coquet, le plus élégant qu'on puisse imaginer. Les maisons étaient confortablement construites, couvertes d'ardoises, percées de larges fenêtres et fort bien tenues. Quelle différence avec nos masures rustiques dont les murs baignent dans la boue, dont le faîte pourrit dans le chaume, et où l'air et la lumière ne pénètrent que par des trous avares ; sans parler des guenilles et des provisions rances qui pendent aux poutres noires du plafond, des cheminées qui fument sans chauffer, et des placards qui font office d'alcôves, avec leurs battants pour rideaux !

Ce jour-là, il y avait une certaine animation dans

le village vénusien. On s'y occupait d'une élection! Les angles de chaque rue étaient tapissés de professions de foi, autour desquelles se pressaient un grand nombre d'électeurs et d'électrices qui se rendaient ensuite à une assemblée préparatoire.

Ces proclamations, rédigées sans aucune emphase, faisaient connaître d'une façon explicite l'opinion du candidat sur les questions qui préoccupaient le plus vivement l'esprit public.

Ce n'étaient pas, comme dans notre pays, de ces vagues programmes de conduite politique, qui vont à tous les partis, et qui peuvent se résumer ainsi:

« ÉLECTEURS !

« Voulez-vous la nation heureuse et propère?

« L'Ordre uni à la Liberté?

« Voulez-vous, propriétaires, l'agriculture en-« couragée, les campagnes dotées de chemins, de « ponts, de canaux. etc?

« Voulez-vous, dignitaires, soldats, fonction-« naires, de notables augmentations dans vos trai-« tements?

« Voulez-vous tous, néanmoins, nos finances « administrées avec une stricte économie, et de « grandes diminutions dans nos dépenses?

« Voulez-vous enfin, pour représenter vos inté-
« rêts, un homme qui vous affectionne de toute son
« âme et qui donnerait pour vous son sang et sa
« vie?...

« NOMMEZ-MOI. »

Prenez toutes les professions de foi qui, dans la saison électorale, s'épanouissent par myriades — *natos sine semine flores*, — et vous verrez qu'il n'en est aucune qu'on ne puisse ramener à ce type. C'est comme un passe-partout banal où s'encadrent les candidatures les plus diverses.

— L'élection que l'on fait dans ce village, dis-je à Mélino, présente quelque analogie avec ce qu'on appelle, en certaines contrées de la terre, l'élection d'un conseiller général, ou provincial ; mais là, les femmes ne votent pas, et dans les campagnes, les affiches ne sont pas lues des électeurs.

— Quelle indifférence !

— Ce n'est pas indifférence, mais uniquement parce qu'ils ne savent pas lire. Les candidats suppléent à l'inconvénient qui en résulte par des visites personnelles, de pressantes obsessions, de magnifiques promesses, et surtout de vigoureuses poignées de mains — qui engagent beaucoup moins. Il y a encore la propagande œnophile qui est fort employée, et d'un effet plus sûr. Le vin est un précieux agent électoral : sa douce chaleur amollit l'âme et la dispose merveilleusement à recevoir l'empreinte de convictions nouvelles, elle dissipe les défiances, et provoque, par degrés, l'admiration et le dévouement de celui qui boit pour celui qui remplit son verre. Mais, comme chaque concurrent a aussi recours au pouvoir de cette spiritueuse éloquence, la lutte bachique prend des proportions colossales. Plusieurs jours avant le vote, les électeurs de chaque parti se réunissent ensemble et procèdent à des libations préparatoires. A mesure que les futailles se vident, l'enthousiame électoral va s'exaltant, et devient du délire et de l'ivresse — la plus réelle. On vote alors, et le candidat le plus généreux reçoit le prix de ses largesses : la victoire est aux gros tonneaux.

— Et les élus sont fiers d'un tel triomphe?

— Très-fiers et très-heureux, je vous assure. Les moyens s'oublient et le résultat est acquis.

— Vous voulez dire acheté. Mais aussi, que peut-on attendre d'électeurs qui ne savent pas lire? Les paysans de votre planète sont donc bien ignorants!

— Pas partout. Il est une nation qui fait à cet

égard une exception magnifique, car l'instruction y est puissamment encouragée, et chaque village s'y trouve pourvu d'un instituteur et d'une institutrice. Cette nation si exceptionnellement avancée dans la voie du progrès...

— C'est la France?

— C'est la Chine. Il est très-rare d'y rencontrer un paysan ne sachant pas lire; et certes, ce n'est pas un mince mérite en un pays où l'alphabet se compose de quarante mille caractères, alors que, dans les contrées civilisées, ou se disant telles, on trouve tant de gens qui ne savent pas épeler un seul mot, et qui n'auraient pourtant que vingt-quatre lettres à apprendre!

— Mais comment se fait-il que dans votre Europe l'instruction soit si négligée? Vous avez pourtant d'énormes budgets qui vous permettraient de lui donner un développement extrême.

— Sans doute, mais il est grevé de non moins énormes dépenses pour l'armée. N'en faut-il pas une pour maintenir l'ordre à l'intérieur et porter la civilisation dans les contrées lointaines?

— L'instruction y supplée largement chez nous. C'est l'ignorance et le fanatisme aveugle qui fomentent les séditions, et la force des armes n'a jamais converti un peuple soit à la civilisation, soit à la religion qu'on a voulu lui imposer. Quelques livres et quelques instituteurs eussent fait bien davantage.

Je goûtai volontiers ces réflexions de Mélino. Sans doute, autant qu'un autre, j'admire le fier courage d'une nation qui lutte contre le despotisme absolu de son souverain ou contre l'oppression que lui fait subir le chef d'un empire voisin, qui la possède par ce qu'on est convenu d'appeler *droit de conquête.* Mais dans ces tristes luttes, la victoire finit malheureusement par appartenir à la force matérielle, et la masse écrasante d'une milice brutale l'emporte, hélas! presque toujours, sur le dévouement de quelques cœurs héroïques. Il n'en est pas ainsi des révolutions produites par les idées : leur marche est plus lente, mais aussi plus assurée, et pure au moins de larmes et de sang. Vous vous rappelez *Phébus et Borée*, la charmante fable de La Fontaine. Phébus et Borée s'efforcent de dépouiller un voyageur de son manteau; Borée commence à souffler avec frénésie :

> Notre souffleur à gage
> Se gorge de vapeurs, s'enfle comme un ballon,
> Fait un vacarme de démon,
> Siffle, souffle, tempête, et brise en son passage
> Maint toit qui n'en peut mais, fait périr maint bateau...

Le Vent perdit son temps;
Plus il se tourmentait, plus l'autre tenait ferme...
Sitôt qu'il fut au bout du terme
Qu'à la gageure on avait mis,
Le Soleil dissipe la nue,
Recrée, et puis pénètre enfin le cavalier,
Sous son balandras fait qu'il sue,
Le contraint de s'en dépouiller.
Encor n'usa-t-il pas de toute sa puissance!

Ainsi, l'insurrection est souvent impuissante à dépouiller un roi de son manteau de despote,

Plus elle se tourmente et plus l'autre tient ferme.

Mais que le soleil de l'instruction vienne à luire sur les masses, qu'il fasse germer en elles le sentiment de leur dignité, le souci de leur indépendance, la conscience de leurs droits, et alors cette unanimité de conviction, cette chaude et lumineuse atmosphère d'idées nouvelles, enveloppera et *pénétrera* si bien le pouvoir despotique, — sans toutefois peut-être le *recréer* beaucoup — qu'il le contraindra de *se dépouiller* des prérogatives tyranniques que le changement des temps ne comportera plus.

— Ici, continua Mélino, l'instruction des masses, surtout au point de vue moral, est la première de nos préoccupations. Au lieu de leur parler un langage mystique qu'elles ne comprennent pas, et que les citations latines dont il est émaillé sont loin de rendre plus intelligible, leurs prédicateurs s'efforcent de leur enseigner l'amour de Dieu, l'immortalité de l'âme, leurs devoirs de famille et de citoyen. Ce sont plutôt les entretiens affectueux d'un père que les sermons d'un prêtre; il s'attache notamment à retenir les cultivateurs dans la modeste et douce existence de la campagne, et à leur faire comprendre tout ce que le séjour des champs offre de poésie à l'imagination, de calme à l'âme, de sève et d'énergie au corps; il leur montre encore combien les travaux agricoles sont considérés, et combien le mot de paysan — au lieu d'être presque une injure — est justement vénéré.

« Avec l'histoire impartialement racontée, les instituteurs leur enseignent surtout l'art agricole et les notions chimiques et physiques qui s'y rattachent. Ces connaissances, tout en étant éminemment utiles à nos paysans, achèvent de leur faire aimer leur état qu'ils n'exercent plus suivant une aveugle routine.

« Autrefois, le recrutement militaire et les entreprises de travaux gigantesques auxquels se livraient toutes les villes avec une ardeur maladive, enlevaient aux campagnes un grand nombre de jeunes gens, et cela presque sans retour, car le séjour des cités avait pour fâcheux résultat de les désaffectionner du hameau natal et des travaux champêtres. Nous n'avons plus, grâce à Dieu ! ces deux causes si redoutables de dépopulation agricole.

Dans nos campagnes comme dans nos villes, l'association étend ses bienfaits sur le travail. Vos propriétés rurales sont tellement divisées que bien des cultivateurs n'ont pas de quoi exploiter la parcelle de terrain qui leur est échue en héritage. Ici, chaque village est le centre d'une exploitation commune, et chacun de ceux qui l'habitent en retire un bénéfice proportionnel à son apport et à son travail. Toutefois cette association est complétement volontaire et libre.

« Une communauté analogue existe aussi pour la préparation des repas, surtout en hiver, car alors, elle procure une très-notable économie de combustible. En été, c'est le soleil qui se charge de faire cuire nos aliments.

— J'ai peine à le croire, dis-je en souriant.

— Venez voir alors, répliqua Mélino.

Et il me conduisit dans un petit clos attenant à la maison d'un cultivateur. Je vis là quelques cloches, semblables à nos cloches à melons et superposées entre elles par groupes de quatre ou cinq. Ces appareils étaient de verre à leur paroi supérieure, et, sur les côtés, d'un métal intérieurement noirci.

— Voici, me dit mon compagnon, une cuisine d'été. Approchez et regardez au fond des cloches. Vous verrez un mets en train de cuire.

— Mais comment la chaleur du soleil peut-elle suffire à produire cet effet?

— Rappelez-vous d'abord que notre soleil est deux fois plus chaud que le vôtre. Cependant je suis convaincu qu'avec nos appareils on obtiendrait, même sur la Terre, un résultat satisfaisant. Ils laissent en effet passer la chaleur lumineuse et la retiennent en empêchant le rayonnement. L'air s'échauffe ainsi par degrés, et atteint une température qui permet la cuisson des aliments. Ceux que j'ai le plaisir de vous offrir depuis que nous sommes installés à la campagne ne sont pas autrement préparés.

Un concours d'animaux se tenait près de là, et l'on s'y occupait, à ce moment, de comparer la vigueur de plusieurs chevaux.

— Quoique, dis-je à mon hôte, le force de traction soit la qualité la plus utile d'un cheval, on ne s'inquiète, sur notre continent, que de sa vélocité à la course et de sa légèreté acrobatique à sauter des haies et des fossés. Un certain nombre de chevaux appartenant à quelques membres de l'aristocratie, qui, — faute d'autre, — sont très-fiers de la gloire de leurs écuries, participent, huit ou dix fois par an, à ce jeu de casse-cou qu'anime l'appât d'une superbe prime, et qui ne manque jamais d'attirer un concours immense.

— On se passionne donc bien là-haut pour l'amélioration de la race chevaline?

— Pas le moins du monde. Les neuf dixièmes des gens qui se rendent à ces fêtes n'y vont que pour contempler le défilé des équipages, pour engager des paris, ou pour être vus buvant du champagne avec ces filles de proie qu'on appelle des lorettes. Celles-ci également ne viennent pas plus par intérêt pour les courses qu'elles ne vont à l'Opéra pour écouter la musique. Là, comme partout, l'unique souci qui les domine, c'est d'exhiber leurs minois faits au pastel et l'éclatant papillotage de leurs toilettes chatoyantes et diversement nuancées comme leurs affections, car chacun de leurs atours est le prix d'une tendresse éternelle, jurée à un adorateur différent.

— Allons, dit en souriant mon compagnon, je vois que, sur votre globe, chaque époque a eu ses tournois et chaque tournoi ses prix spéciaux. Dans l'antiquité, une couronne de laurier était décernée au poëte vainqueur ; au moyen âge, des paladins combattaient pour recevoir de la noble dame de leurs pensées une couronne de roses ; aujourd'hui, ce sont les chevaux qui occupent l'arène, — devant d'autres dames beaucoup plus remarquables par la quantité que par la qualité, — pour gagner à leurs maîtres une grosse somme d'argent : car vous n'estimez plus que les honneurs monnayés, les couronnes feuillées de billets de banque, et la gloire aux rayons d'or au lieu de la gloire aux rayons de lumière que vous recherchiez autrefois.

En parlant de la sorte, Mélino me conduisit à l'école du village, que nous visitâmes ainsi que la bibliothèque et le musée agricoles.

Puis, nous reprîmes le chemin du logis, vers le déclin du jour, — à l'heure douce et paisible où la campagne épuisée de chaleur semble se retremper avec délices dans l'ombre transparente du crépuscule.

XXI

EN NACELLE

Je goûtais un charme extrême au séjour de plaisance que m'avait offert mon hôte, au milieu de cette splendide nature vénusienne. Et comme Cydonis était retenu par ses travaux à Vénusia, j'étais particulièrement ravi de me trouver auprès de Célia dans un isolement qui délivrait mon esprit des inquiétudes jalouses que lui causaient naguère les visites de mon rival.

J'errais souvent avec la jeune fille dans les bosquets du parc ou sur les bords d'une rivière qui coulait près de la maison et s'égarait ensuite dans la campagne en mille simosités vagabondes.

Mais une promenade délicieuse entre toutes, et dont mon cœur gardera éternellement le souvenir, comme un parfum céleste, ce fut celle que nous fîmes, un soir, sur les eaux du lac.

O la belle et douce soirée! Tout était joie, et fête, et splendeur autour de nous! Tandis que notre barque glissait sur l'onde frémissante, un vaste rideau d'arbres et de plantes, aux formes colossales et bizarres, déployait autour de nous les magnificences de leur feuillage diapré des couleurs les plus diverses, et laissait voir, par intervalles, le disque pourpre du soleil, entouré d'un nimbe d'or, et descendant vers la ligne noire et onduleuse des montagnes lointaines. Çà et là, dans les sombres massifs, pénétraient de longues traînées de lumière, au sein desquelles flottait une poussière vermeille, subtile et légère comme une vapeur. Parfois, une folle brise courait, comme un frisson, dans le feuillage, et les arbres s'inclinant l'un vers l'autre et bruissant tour à tour, semblaient échanger quelque mystérieuse confidence. La nappe liquide se brisait alors en une myriade de petits flots qui clapotaient en se pailletant d'étincelles roses. Un oiseau nommé glosulis, au chant plus harmonieux que celui du rossignol, et dont le plumage métallique scintillait comme un écrin de pierreries, rasait d'un vol agile la surface du lac, baignant par moments le bout de son aile, et dessinant mille zigzags fantastiques, milles courbes capricieuses. Il alla ensuite se blottir dans les ramures d'une sorte de rosier grand comme un tilleul, qui étalait sur la rive son opulente moisson de fleurs.

Quand le soleil eut entièrement disparu, une vive teinte rouge embrasa l'horizon et s'étendit par degrés jusqu'au zénith. Tout resplendit alors : le ciel en feu, le lac reflétant son éclat, le feuillage des massifs laissant briller, à travers ses interstices, les ardents reflets du couchant.

Cependant, à demi étendue en un mol abandon, la tête penchée sur son bras d'une blancheur nacrée, dont les formes délicates se dessinaient vaguement dans un nuage de mousseline, les cheveux flottant dispersés sur ses épaules, Célia paraissait plongée dans l'extase d'une délicieuse rêverie. Ses yeux noyés d'une douce langueur laissaient filtrer de longs regards à travers les cils de leurs paupières demi-closes, et ses lèvres entr'ouvertes semblaient aspirer un souffle de volupté. Selon les hasards charmants de cette promenade, tantôt les rayons de soleil enflammaient son visage de leur teinte pourprée, tantôt les ombres mouvantes du feuillage glissaient sur ses traits, ou bien le frais clair-obscur d'un ombrage plus épais leur prêtait je ne sais quelle grâce plus calme et plus suave, en les baignant de ses reflets amortis.

— Comme le ciel est beau! murmura la jeune fille, comme l'air est doux et embaumé!

— Oui, Célia, lui dis-je, tout est enchantement dans cette radieuse soirée! Mais, si puissant que soit le prestige de ses splendeurs, il n'est rien auprès du charme que je ressens à les admirer avec vous; elles sont le cadre magnifique, mais vous êtes l'image adorée sur laquelle se concentre toute la volupté de mes contemplations. Le reste semble seulement s'associer à mon bonheur et conspirer à l'exalter en mon âme : l'eau limpide du lac paraît ouvrir d'elle-même passage à notre barque et nous bercer complaisamment de ses molles ondulations; la brise du soir souffle pour enfler notre voile et rafraîchir nos fronts; c'est pour nous que le ciel déploie sa tente de pourpre, pour nous que les fleurs exhalent leurs parfums et que le feuillage s'illumine d'étoiles d'or; il accompagne notre entretien de son murmure sympathique, et, perdu dans les touffes fleuries, le mélodieux glosulis semble soupirer un tendre épithalame !

— Que je voudrais, me répondit Célia, m'égarer avec vous en ces douces rêveries... mais hélas ! une appréhension superstitieuse arrête l'essor de ma pensée. Dans nos campagnes, le chant du glosulis passe pour porter malheur...

XXII

UN CARTEL. — ASCENSION DU MÉGAL.

Les ineffables émotions que laissa dans mon cœur cette ravissante promenade mirent le comble à ma tendresse pour Célia et au dépit jaloux que j'avais conçu contre Cydonis.

Sous l'obsession de ce double sentiment, et m'inspirant de nos traditions chevaleresques, j'écrivis au jeune vénusien que j'adorais la fille de Mélino — qu'il devait voir en moi un rival fermement résolu à la lui disputer, — qu'un de nous deux était de trop en ce monde, — que, ne me dissimulant pas l'outrage qu'il devait ressentir en me voyant aller sur ses brisées, je me mettais à ses ordres, et lui offrais réparation par un combat en champ clos... etc.

Cydonis m'adressa la réponse suivante par la voie auto-télégraphique, la seule employée en ce pays pour la transmission des dépêches de tout genre :

« J'ai lu et relu la lettre que vous m'avez adressée, et j'avoue n'avoir pu la comprendre. Il faut que votre patrie soit bien éloignée de Vénusia et située sur les confins les plus inaccessibles de nos régions polaires, car je ne connais encore sur notre planète aucune contrée où les idées que vous exprimez soient acceptées de personne.

» Vous trouvez Célia charmante, vous l'aimez, vous desirez l'épouser ; rien n'est plus naturel, et j'éprouve moi-même ces sentiments. Mais où je diffère complétement d'avis avec vous, c'est dans l'absolue nécessité de nous couper la gorge. Vous prétendez qu'un de nous deux est de trop en ce monde, — parlez pour vous, je vous prie, — car pour mon compte, je verrais votre triomphe avec un profond regret assurément, mais sans dépit, sans amertume, et surtout sans préférer la mort au sentiment de mon échec et d'une blessure faite à ma vanité.

» Vous ne m'outragez, en aucune façon, en me disputant la main de Célia ; et m'eussiez-vous réellement fait outrage, que ce genre de réparation, qui consisterait à me donner un coup d'épée pardessus le marché, me paraîtrait au moins singulier. Je ne conçois pas, je vous le répète, qu'il puisse exister un pays où se rencontrent de tels préjugés.

» Quel genre de satisfaction un cartel peut-il donc offrir à l'offensé ? Direz-vous que ce dernier se relève aux yeux de l'opinion de l'injure faite à son honneur et la dément, en quelque sorte, par son courage à exposer sa vie ? Mais une telle réhabilitation est inadmissible. On ne se lave pas d'une imputation outrageante par le péril couru dans un combat, et l'on peut être un drôle et un fripon tout en faisant bon marché de sa vie. Le brigand de grand chemin expose bien plus son existence que l'ouvrier ou le laboureur, et personne cependant n'a jamais été tenté de trouver son métier plus honorable.

» Ici, nous avons une façon plus logique et moins barbare de donner réparation d'un outrage. Un jury d'honneur, élu tous les dix ans par les habitants de la ville, instruit et juge les différents de cette nature. Des témoins sont entendus, des explications échangées, et le jury inflige à celui qu'il reconnaît avoir de graves torts, l'inscription infamante de son nom sur une sorte de tableau de déshonneur qui figure dans la salle de ce tribunal, comme le tableau des spéculateurs *exécutés* figurait jadis à la Bourse. Nos mœurs, d'accord avec la raison, acceptent cet usage, et le condamné se trouve cruellement puni de la tache faite à son nom : il est sévèrement exclu de toute société honnête et mis au ban de l'opinion publique; car ici, elle se garde bien de prendre parti pour la forfanterie victorieuse et de considérer comme un jugement de Dieu ce qui n'est qu'un jeu sanglant de l'adresse et du hasard. Elle repousse comme un être impertinent, brutal et indigne de toute société civilisée, l'homme qui s'est porté à des outrages envers un de ses concitoyens.

» Quant à notre compétition, elle doit naturellement trouver une solution sans appel dans la volonté de Célia. Si elle vous aime, je me désis e d'avance de toute prétention à sa main, dussiez-vous me l'abandonner par caprice ou par générosité. Dans nos pays, les rivalités de prétendants ne sont pas des courses à la dot. S'il en était ainsi, on comprendrait qu'ils en vinssent à se battre comme se battent des voleurs pour la possession d'un butin : mais c'est le cœur seul que nous ambitionnons, nous attendons de la personne aimée l'arrêt de notre avenir, et, quel qu'il soit, nous nous y soumettons loyalement et sans rancune.

» Ainsi, nous laisserons, s'il vous plaît, nos épées au fourreau, nos pistolets dans leurs boîtes, et nous accorderons à Célia une entière liberté de choix que pourrait contrarier le sort des armes.

» Puisque vous voulez bien vous mettre à mes ordres, — les voilà.

» CYDONIS, »

L'humeur accommodante et résignée avec laquelle mon rival envisageait cette affaire me causa une vive surprise, tant nous sommes habitués à ressentir une irritation profonde contre quiconque contrarie notre cupidité ou notre orgueil ! Je déclarai donc mes intentions à Célia. Elle m'écouta favorablement, et, dans une lettre courtoise mais franche, fit part de sa détermination à Cydonis. Quant à son père, il ne mit aucune hésitation à m'agréer pour gendre, malgré l'extrême pauvreté dans laquelle je me trouvais, car je ne pouvais évidemment porter sur le contrat les immeubles que je possédais sur la Terre; mais la voix de l'intérêt, chez nous toute-puissante, n'est pour rien dans les mariages de Vénus; et il semble vraiment que nous ayons obéi à un instinct divinatoire en donnant à cette planète le nom même de la mère de l'Amour.

Notre mariage fut fixé à un mois. — Nous consacrâmes à de longues promenades, pendant lequelles nous échangions nos projets, nos espérances, nos rêves de bonheur, ce doux temps des préliminaires qui est au mariage ce que l'aurore est au jour.

— Mon ami, me dit un jour Célia, nos promenades sur les eaux limpides du lac, dans les bois ombreux et les fraîches vallées, ont assurément un grand charme, mais vous ne connaissez pas encore l'imposante majesté de nos sites grandioses. Les montagnes de Vénus, m'avez-vous dit, sont, en moyenne, cinq fois plus hautes que celle de la Terre, jugez donc du magnifique panorama qu'on doit pouvoir contempler d'un sommet un peu élevé.

Voici par exemple, ajouta-t-elle en me montrant une haute montagne se dressant à l'horizon, voici le mont Mégal, qui n'est qu'à deux lieues d'ici, et dont l'ascension pourrait vous procurer ce beau spectacle. Je serai votre guide,

Cette promesse suffit à me décider.

— Eh bien! ajouta-t-elle, profitons de la sérénité du ciel; partons cette nuit même à la lueur des flambeaux, et demain nous verrons le soleil se lever sur le plus splendide tableau qui se puisse imaginer.

Ce projet s'exécuta. Nous gravîmes, pendant la nuit, les flancs du Mégal, tantôt arides et rocailleux, tantôt couverts d'un tapis de gazon fin et serré. Nous étions à cheval, escortés de domestiques portant des flambeaux. Parvenus au sommet de la montagne, nous leur dîmes de nous laisser et de ramener nos montures. Puis, seuls dans la nuit profonde, nous attendîmes le lever du soleil.

Au bout de quelques instants, une ligne blanchâtre se dessina au loin dans la profondeur des ténèbres, s'étendit en arc de cercle, et laissa voir, sur un fond pâle, la silhouette dentelée de l'horizon. Les collines et les rochers placés plus près de nous et plongés encore dans l'ombre, estompaient vaguement leur croupe noire comme des monstres assoupis. Peu à peu, la zône lumineuse s'élargit et envahit le ciel, qui se colora d'un bleu clair et tendre. Au sein de cet azur d'une suavité extrême, se déployèrent des bandes de nuages rouges, semblables à des bannières de pourpre faisant cortège à l'astre du jour. L'éclat de l'orient devint de plus en plus vif, et bientôt du bout de l'horizon, une flèche de feu jaillit... puis, dépouillé de ses rayons éblouissants, le soleil émergea de la ligne noire des montagnes, et, tant qu'il n'eut pas dégagé ses bords, nous parut comme une immense coupole d'or placée à l'extrémité du monde. Son globe, double du nôtre, et grossi encore par la courbe lointaine de l'atmosphère, était d'une majesté sublime.

Le paysage s'éclaira par degrés. Tous les bas fonds étaient noyés dans les flots légers de ces blanches vapeurs qui s'exhalent chaque matin et montent au ciel comme des fumées d'encens que la nature, à son réveil, enverrait au Créateur. Elles se dissipèrent peu à peu, et notre œil ravi embrassa un vaste océan de montagnes de toutes formes et de toutes couleurs. Elles s'étageaient au loin par assises onduleuses, que séparaient de longues traînées de vapeur, et qui semblaient des gradins gigantesques entassés par des Titans pour escalader le ciel. La dernière ligne était formée de pics de plus de quarante mille mètres d'élévation (les plus hautes montagnes de la Terre n'en ont que huit mille), et couronnés, les uns d'une neige éclatante, les autres de glaces brillant de tous les feux du prisme, de sorte que leur chaîne circulaire faisait au tableau qui se déroulait à nos pieds, comme un immense cadre d'argent, constellé de pierreries étincelantes.

Nous restâmes longtemps sur le Mégal, absorbés dans une contemplation pleine de volupté. En présence de ces grands spectacles, il semble que l'âme brise l'étreinte de tous les misérables soucis de la vie ordinaire, qu'elle se dilate heureuse et libre dans le vaste espace ouvert devant elle, et se confonde, pour ainsi dire, avec la nature qui la fascine de ses magnificences.

XXIII

CATASTROPHE. — RETOUR.

Le plaisir de cette ascension fut hélas! payé bien cher.

Deux jours après, Célia tomba malade. On se hâta d'appeler le médecin auquel elle était abonnée..

— Bah! fit Muller, on prend donc là-haut des abonnements de médecins?

— Oui, mon cher ami, et j'approuve fort cet usage.

On donne tant par année à un docteur pour être soigné par lui. Il a ainsi un intérêt évident à prolonger la vie de ses clients, et il n'est pas mal que, dans toute profession, l'intérêt soit d'accord avec le devoir :

> Deux sûretés valent mieux qu'une,
> Et le trop en cela, ne fut jamais perdu.

En outre, la méthode vénusienne a le précieux avantage d'assurer aux abonnés ces conseils et ces soins hygiéniques dont nous méconnaissons trop l'importance, car bien souvent nous laissons grandir, sans obstacle, le mal qu'il eût été facile détouffer dans son germe, et nous n'appelons les secours de la science que lorsqu'il est devenu à peu près incurable. Le docteur vénusien est, au contraire, attentif aux plus légers symptômes de la maladie naissante, et parvient ainsi plus aisément à la maîtriser. Tout gît dans l'opportunité. L'émeute d'une rue peut gagner une ville entière si elle n'est promptement réprimée; en revanche, — on l'a dit avant moi, — quatre hommes et un caporal suffisent pour arrêter une révolution au début.

Fidèle au système préventif si justement adopté à Vénusia, le médecin de Célia, qui connaissait depuis longtemps les prédispositions de la jeune fille aux maladies de poitrine, lui avait souvent prescrit d'éviter avec le plus grand soin toute cause de refroidissement. Malheureusement, elle avait eu l'imprudence d'oublier ses conseils pour céder à l'attrait de notre excursion.

La terrible maladie qui couvait en elle, et qu'une hygiène sévère aurait pu seule conjurer, éclata alors avec une violence irrésistible. En dépit des soins les plus attentifs, les plus affectueux, Célia déclinait chaque jour... ses joues se creusaient, et ses yeux, illuminés d'un éclat fiévreux, s'entouraient d'un cercle bistré qui se nuançait d'une teinte de plus en plus foncée.

Pour expliquer cette prostration toujours croissante, le docteur trompait notre tendresse par de bienveillants mensonges : tantôt c'était une journée trop chaude qui produisait un accablement passager, tantôt la fraîcheur d'une nuit ; c'étaient aussi les nuages, le vent, la pluie... c'était tout — hors la véritable cause — l'inexorable maladie.

Un jour, nous fûmes cruellement impressionnés en voyant tout à coup une lividité terreuse se répandre sur le visage de la pauvre malade ; ses lèvres tuméfiées devinrent violettes, ses yeux perdirent cette fixité d'éclat qui révélait l'angoisse et la souffrance. Elle souffrait moins, en effet : elle n'en avait plus la force... et la nature vaincue cédait, sans réagir, aux dernières invasions du mal. Bientôt, sa respiration devint haletante et pénible. Elle nous fit signe d'approcher, embrassa avec effusion son malheureux père, et, me donnant la main, me dit d'une voix entrecoupée et presque sans souffle :

— Pauvre ami !... j'espérais... mais Dieu est bon et juste... nous nous reverrons... souvenez-vous !

— Oh ! toujours, toujours ! m'écriai-je, en inondant de mes larmes sa main déjà glacée. Et ensuite, quand mon regard se reporta sur son visage, — oh ! souvenir affreux ! — son œil était éteint, sa face avait la froide immobilité du marbre... elle n'était plus !

Elle n'était plus, et pourtant jamais elle ne me parut plus divinement belle ! Ses traits contractés par la douleur s'étaient détendus et harmonisés ; ils respiraient le calme angélique d'un visage d'enfant endormi dans un sourire, et semblaient s'éclairer d'un reflet de douce joie et de sérénité céleste, comme si, au moment suprême, la pauvre jeune fille eût entrevu les splendeurs d'une radieuse immortalité !

Comment dire notre immense douleur ! En vain

les progrès sans trève de la maladie, en vain toute une journée d'affreuse agonie nous avaient-ils préparés à ce dénouement suprême, nous fûmes comme foudroyés du coup qu'il nous porta.

O la pauvre et chère enfant! Son souvenir remplissait, sans relâche, mon âme tout entière. Un profond accablement, traversé parfois de vives lancinations de douleur, comprimait ma pensée comme un cercle de plomb. Vainement m'efforcé-je de distraire mon esprit par l'étude et le travail, le sentiment de ma perte m'assaillait sans cesse avec l'impitoyable obstination du vautour qu'on peut effaroucher un instant de façon à lui faire quitter sa proie, mais qui revient aussitôt après fondre sur elle avec une plus ardente avidité! Aussi, voyais-je avec joie arriver les heures bienfaisantes du sommeil, de cette langueur délicieuse où le cœur le plus agité et le plus souffrant trouve le calme, l'oubli, et quelquefois les illusions du bonheur. Mais quelle était ma douleur, à l'instant du réveil, alors que, sortant des chimères du rêve, je me trouvais tout à coup en présence de l'accablante réalité!

Un soir, après le coucher du soleil, et comme, le regard fixé sur le sol, j'étais resté longtemps absorbé dans ma préoccupation inéluctable, je vis en relevant la tête, briller à l'orient, une étoile qui seule au ciel, m'envoyait sa lumière diamantée, et semblait se montrer la première comme pour m'adresser un long regard de compassion maternelle.

C'était la Terre.

Avec ses doux rayons qui caressaient mes yeux, descendait dans mon cœur le cher souvenir de la patrie délaissée, et je me dis que la planète natale pourrait seule donner quelques distractions au chagrin qui me dévorait.

J'appareillai le lendemain, et, après avoir pris congé de Mélino et de Cydonis, — je repris la route de l'Infini.

Après un voyage aussi heureux que le premier, je suis revenu dans notre bonne petite ville de Speinheim.

Je suis revenu, mais je n'ai pas oublié... et, chaque fois que je vois trembloter dans le rose pâle du crépuscule, la blanche et vive lumière de Vénus, tout mon cœur est là-haut !...

Volfrang s'arrêta. Des larmes brillèrent dans ses yeux, et, la tête appuyée sur sa main, il retomba dans une de ces rêveries profondes qui lui étaient habituelles. Il lui semblait voir encore les belles contrées de Vénus et sa divine Célia.

— Pauvre fou !... dit Muller en le regardant avec une douloureuse sympathie.

Quant à Léo, il y avait déjà longtemps qu'il s'était endormi.

FIN.

TABLE

I

DE LA TERRE A VÉNUS

II

VÉNUSIA

Pages.

III

LA VILLA MÉLINO

FIN DE LA TABLE.

POISSY. — TYP. ET STÉR. DE A. BOURET.